BIBLIOTHÈQUE
DES ÉCOLES ET DES FAMILLES

LES
BÊTES DE NOS MAISONS

PAR

Mme GUSTAVE DEMOULIN

PARIS
LIBRAIRIE HACHETTE ET Cie
79, boulevard Saint-Germain, 79

LES BÊTES

DE NOS MAISONS

HIRONDELLES EN CHASSE.

BIBLIOTHÈQUE
DES ÉCOLES ET DES FAMILLES

LES BÊTES
DE NOS MAISONS

PAR

Mme GUSTAVE DEMOULIN

DEUXIÈME ÉDITION

Ouvrage couronné par la Société Protectrice des Animaux

PARIS
LIBRAIRIE HACHETTE et Cie
79, Boulevard Saint-Germain, 79
1886

LES BÊTES
DE NOS MAISONS

NOS VOISINS ET NOS HOTES

Vous vous attendez sans doute à rencontrer ici le Cheval, le Chien, le Chat, amis de NOS MAISONS ; la Vache, l'Ane, le Cochon, le Mouton, habitants de nos fermes ; l'Oie, le Dindon, la Poule, le Pigeon, le Lapin, hôtes de nos basses-cours ; enfin toutes les bêtes que nous appelons *Animaux domestiques*, parce qu'elles habitent avec nous et nous rendent chaque jour les plus importants services. Justement, je ne vous en dirai pas un mot.

Ces grosses bêtes-là ne constituent du reste qu'une faible partie de la population animale de NOS MAISONS, et ce n'est pas d'elles que je veux vous entretenir.

— De qui donc allez-vous nous parler?

— Soyez tranquilles. Ce ne sera ni de moi, ni de vous...

Je veux vous parler des Bêtes que nous rencontrons à chaque pas; des amis et des ennemis qui vivent, s'agitent et *travaillent* pour nous ou contre nous; des intrus qui franchissent malgré nous le mur de la vie privée, envahissent nos demeures de la cave au grenier, sans plus respecter le salon et la chambre à coucher que la cuisine et l'office; des indiscrets qui se logent à nos côtés, y prennent leurs aises, s'hébergent à nos dépens, sans souci des échéances du loyer et nous récompensent de l'hospitalité qu'ils s'attribuent par des procédés dont la délicatesse n'est pas toujours irréprochable.

Nous irons forcer dans leurs retraites, surprendre dans leurs ébats : les ANIMALCULES, les ARACHNIDES, les CRUSTACÉS, les INSECTES, les MAMMIFÈRES et les OISEAUX qui se donnent rendez-vous chez nous ou chez nos voisins.

Il est bien certain que nous trouverons toujours les importuns en plus grand nombre dans les vieilles habitations et dans les demeures mal tenues que dans NOS MAISONS neuves et proprettes, mais vous verrez que la garde qui veille aux portes des palais n'en défend pas toujours les rois.

LA POUSSIÈRE DES APPARTEMENTS

Lorsque nous pénétrons dans un appartement qu'on est en train de *faire à fond*, suivant l'expression employée par les ménagères, la *Poussière* nous prend à la gorge et nous invite brutalement à ne pas entrer.

Méfiez-vous de la *Poussière*. Elle n'a pas seulement l'inconvénient de nous faire éternuer, elle est aussi perfide qu'insinuante. L'irritation qu'elle produit dans nos yeux, nos narines et notre gosier, n'est qu'une taquinerie innocente

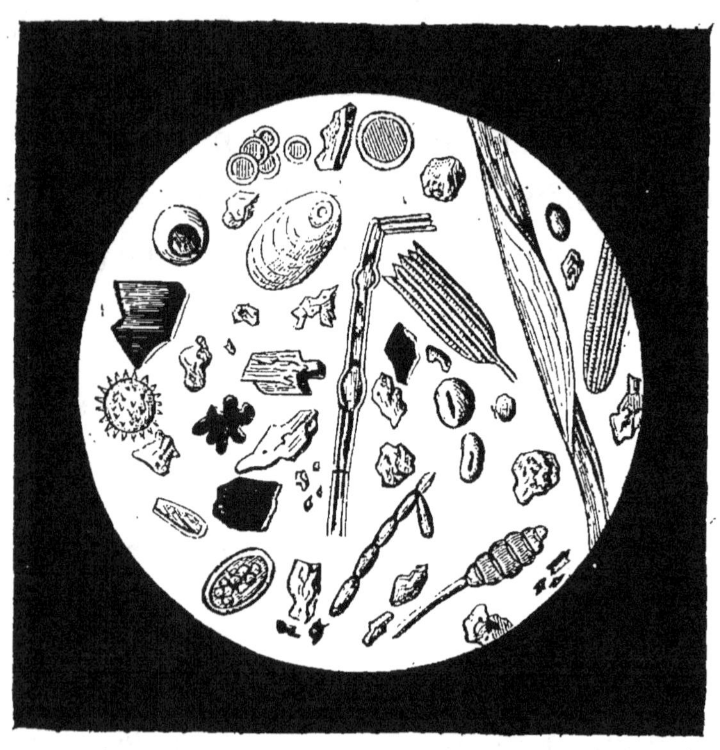

en comparaison des ravages qu'elle exerce dans nos voies respiratoires.

La *Poussière* est vivante : elle est pernicieusement féconde. Outre des particules innombrables de matière solide inerte, elle renferme des corpuscules organisés, des ANIMALCULES malfaisants, des germes funestes qui ne demandent qu'à éclore dès qu'ils rencontrent un milieu favorable.

La *Poussière* est tout un monde peuplé d'empoisonneurs et d'assassins d'autant plus redoutables qu'ils sont invisibles. Le soleil, leur plus grand ennemi, nous les dénonce quand ses rayons indiscrets pénètrent dans un appartement sombre pour les montrer tourbillonnant en foule les uns autour des autres.

Les tapis et les tentures sont des réceptacles de ces matières organiques, de véritables embuscades, de véritables repaires, donnant asile à des conspirateurs qui complotent contre notre santé. C'est de là que le balai et le plumeau ne doivent les débusquer qu'avec de grands soins, sous peine de les mettre en campagne contre nous.

La morale de ceci, c'est qu'il faudrait supprimer les tapis, n'avoir que de beaux parquets cirés ou soigneusement savonnés; c'est qu'il faudrait décrocher les rideaux épais qui tamisent le jour, pour laisser entrer librement la lumière du soleil. Cette lumière bienfaisante achève la combustion des éléments organiques nuisibles en suspension dans l'air de nos appartements.

Retenez bien ce sage avis : Ne permettez jamais les grands coups de balai qui soulèvent autour de vous la *Poussière*. Faites arroser les planchers poudreux, avant le balayage; faites essuyer, non épousseter. Rappelez-vous que le plumeau a été justement qualifié de « meurtrier » par un savant qui s'occupait autant de la pratique que de la théorie.

Est-ce à dire qu'il faille sacrifier la propreté à la salubrité? Non, certes; elles ne vont pas l'une sans l'autre.

— Que faut-il donc?

— Je vous le répète, suivez le conseil du même savant. Essuyez, n'époussetez pas!

LES ANIMAUX RESSUSCITANTS

Après une pluie d'orage, allons recueillir un peu d'eau dans la gouttière, au haut de la Maison. Nous n'aurons pas besoin pour cela de grimper sur le toit, au risque de nous rompre le cou. Montons, sans gêne et sans péril, par l'escalier, et, passant un bras par la première lucarne venue, puisons avec un verre dans la rigole qui a reçu directement les égouttures des ardoises.

Nous aurons peut-être la chance de trouver dans cette eau quelques *Rotifères*, petits êtres ainsi nommés parce qu'ils portent au devant de la bouche deux lobes ciliés en forme de roues placés horizontalement, côte à côte, et garnis d'une couronne de cils vibratiles qu'ils peuvent à volonté rentrer ou étaler.

La façon dont ils agitent ces appendices pro-

duit une singulière illusion. Ils les font tournoyer isolément avec une grande rapidité en les
inclinant et en les relevant tour à tour, si bien
que ces cils donnent aux lobes qui les portent
l'apparence de deux petites roues tournant avec

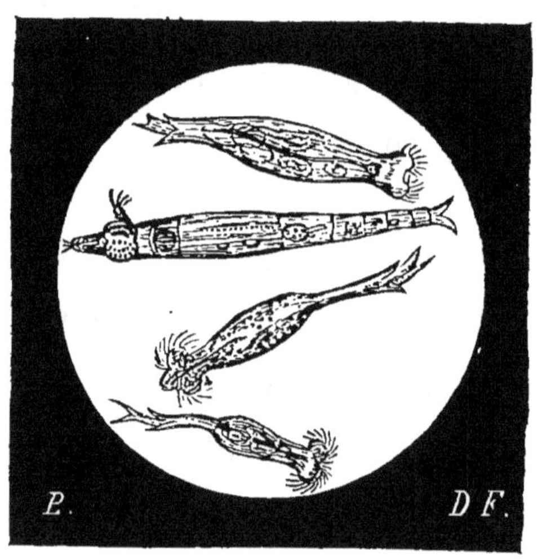

ROTIFÈRES.

la régularité d'un engrenage. L'illusion est si
parfaite, que les premiers observateurs s'y sont
laissé prendre. Ils ont admis que ces lobes pi-
votaient autour d'un axe, très dépités d'ailleurs
de ne pouvoir pénétrer le secret d'un mécanisme
qui en réalité n'existe pas.

L'enveloppe cristalline des *Rotifères* nous permet d'apercevoir à l'intérieur les muscles, le système nerveux et les organes digestifs. Les muscles sont les longs rubans tendus d'un organe à l'autre ainsi que les fils nombreux qui s'entrelacent comme les mailles d'un filet autour des viscères. On les voit constamment se contracter et se distendre. Un système musculaire si riche et si vigoureux vous donne la raison de l'activité qui dévore ces bestioles.

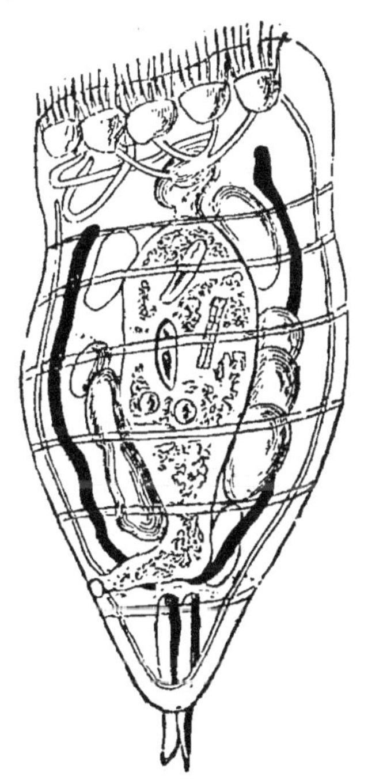

ROTIFÈRE TRÈS GROSSI.

Leur système nerveux n'est pas moins bien organisé. Il se compose de nombreux ganglions réunis en une seule masse et offrant une vague ressemblance avec une cervelle de vertébré inférieur.

— Est-ce assez ambitieux!

— Cette ombre de cerveau porte à son sommet deux petits points rouges qu'on nous déclare être des yeux simples.

Le sac volumineux — volumineux bien entendu par comparaison avec le reste — transparent, qui occupe tout le milieu du corps, n'est pas autre chose que l'estomac. Il est servi par une bouche armée de mâchoires latérales qui broient la nourriture, à la manière de petits marteaux frappant sur une enclume, et desservi par un intestin.

— Que peuvent bien manger de si petites bêtes?

— Mais, d'autres bêtes plus petites, des ANIMALCULES que leur apportent les remous et les tourbillons produits par le mouvement de leurs cils vibratiles.

Après avoir été soumise au martellement des mâchoires, la nourriture est conduite, à travers un étroit canal, dans le spacieux estomac où des glandes spéciales déversent le fluide nécessaire au bon fonctionnement de l'appareil gastrique.

Telles sont les merveilles physiologiques que le microscope nous fait découvrir chez ces animaux imperceptibles.

— Glorifions-nous donc encore après cela de la perfection de nos organes !

— Une particularité bien remarquable, c'est que les femelles seules déploient un pareil luxe de structure. Les mâles n'ont ni bouche, ni mâchoires, ni estomac, ni intestins. S'ils se nourrissent, ce ne peut être que par imbibition. Ce sont de simples paquets de nerfs, condamnés sans doute à une courte existence. Les femelles pondent, un à un, des œufs ovales enfermés dans une enveloppe friable ! Les petits en sortent avec leur forme définitive.

Ces animaux appartiennent au groupe des ROTATEURS, voisin des CRUSTACÉS. Ils ont été rendus célèbres par des expériences que vous pouvez facilement renouveler. Si vous laissez évaporer un peu d'eau renfermant des *Rotifères*, il ne vous restera plus qu'une poussière inerte. Mais, jetez cette poussière dans l'eau, vous la verrez bientôt s'agiter. Les petits cadavres desséchés sont revenus à la vie, ils ont repris toute leur activité.

— Quoi! ils ont ressuscité?

— Il serait plus juste de dire qu'ils se sont ranimés. Leur mort n'était qu'apparente : ils avaient, en se desséchant, conservé leurs facultés vitales comme les graines conservent leur propriétés germinatives.

Les *Tardigrades*, affreux petits monstres dont le microscope nous révèle toute la laideur, vivent dans les mousses des vieux toits et jouissent des mêmes privilèges que les *Rotifères*.

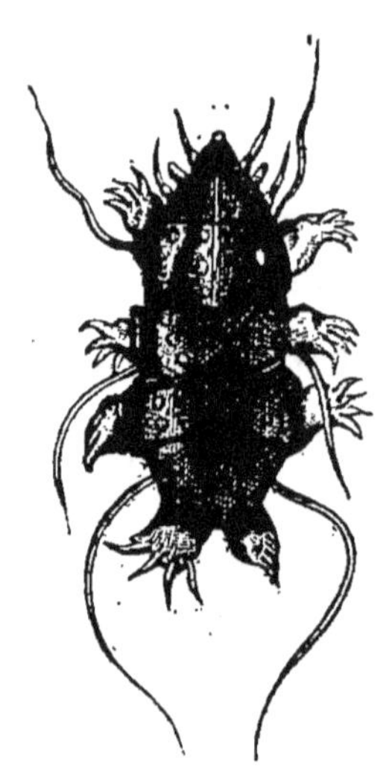

TARDIGRADE.

Qu'un soleil ardent darde ses rayons à plomb pendant quelques heures, les buissons minuscules qui ont poussé sur les tuiles et les ardoises se fanent, jaunissent, et tombent en poussière si on les effrite sous les doigts. A la moindre ondée, tout reverdit et renaît; le petit désert se change en une oasis peuplée de joyeux *Tardigrades* qui s'ébattent sous les ombrages des lichens.

— L'humidité bienfaisante les a également fait sortir de leur léthargie, ni plus ni moins qu'une bonne fée.

— Et ce n'est pas un conte à dormir debout que je vous fais là.

Les *Tardigrades* nous conduisent tout droit aux *Mites*, à la famille desquelles ils appartiennent.

LES MITES

Les *Acarus* ou *Mites*, quelquefois confondus sous le nom générique de *Cirons*, qui signifie *couper*, *ronger*, ne sont que de race infime. Mais quelle place occupent dans nos demeures ces chétifs pique-assiettes, aussi nombreux qu'insatiables, qui passent leur vie à table et mettent toujours le couvert à nos dépens! Ils goûtent avant nous et en même temps que nous à toutes nos provisions. Ne scrutons pas d'un œil trop perçant les aliments que nous considérons comme les plus sains et les meilleurs; ils pourraient bien être hantés par des gourmands capables de rebuter notre gourmandise.

Les *Acarus* sont de petits êtres que le microscope n'embellit pas. Leur corps arrondi est une agglomération de gibbosités ou verrues parsemées de poils; il est muni de huit pattes, dont six sont terminées par des poignards acérés et deux par des pinces. Ils n'ont ni tête, ni thorax, ni abdomen distincts. On ne leur trouve aucune trace des organes qui président aux sens de la vue, de l'ouïe ou du goût.

— Alors, que viennent-ils faire dans nos aliments?

— Donner satisfaction à leur bestial appétit au service duquel la nature leur a donné une bouche conformée en suçoir et toujours en activité. Les uns sont durs et violacés, les autres mous et blanchâtres. Tous se plaisent dans la malpropreté et l'humidité.

— Joli portrait.

—J'avoue qu'il n'est pas flatté. Il semble réellement impossible de trouver ailleurs que dans cette famille plus de laideur concentrée sous un plus petit volume. Je suis fâchée d'avoir à vous raconter l'histoire de ces tristes êtres aussi hideux que malfaisants, mais il faut que vous les connaissiez pour les tenir à distance respectueuse.

Prenez une poignée de certaine cassonade odorante et scrutez-en les profondeurs. Vous y verrez grouiller — c'est le mot — de petits points roussâtres qui semblent une poussière animée. Ce sont des *Acarus du sucre*. Lorsqu'on les laisse jouir en paix des douceurs de leur existence sucrée, ils ne témoignent leur joie tranquille qu'en agitant nonchalamment leurs pattes et en allongeant l'appareil de tenailles et de tubes dont leur bouche est munie. Avec une forte loupe, on les voit se vautrer au milieu des parcelles de sucre. Ils paraissent repus au point de ne plus avoir la force de remuer ; mais essayez de les saisir, ils détaleront et vous les perdrez bientôt de vue.

— Nous mangeons donc parfois leurs restes ?

— Et eux par-dessus le marché ! Ces petites abominations pullulent avec une rapidité si prodigieuse, qu'un patient observateur a pu en compter jusqu'à 26 800 dans un demi-kilogramme de cassonade, qu'il avait placé, il est vrai, dans le milieu le plus favorable à leur développement.

Leur passion pour le sucre n'empêche pas les *Acarus* de se régaler à l'occasion d'un peu de chair fraîche, en petits ogres qu'ils sont. Ils s'attachent aux mains des garçons épiciers, des employés des sucreries obligés de manier le sucre brut à pleines poignées, et leur causent une maladie toute locale qui porte le nom de *gale du sucre*.

— A l'avenir, nous aurons soin de mépriser la cassonade.

— Et vous ferez d'autant mieux qu'elle est moins riche en principes sucrés que le sucre raffiné, lequel ne contient pas d'*Acarus* vivants. Voulez-vous encore un bon conseil de gourmandise hygiénique ? Méfiez-vous également du sucre blanc en poudre, acheté tout préparé chez l'épicier, où il a pu vieillir dans quelque coin humide. Écrasez vous-mêmes le sucre dont vous voulez saupoudrer les fraises ou le fromage à la crème, vous pourrez alors en manger à cœur joie. Je ne vous étonnerai pas beaucoup en vous disant que la croûte des vieux fromages, en par-

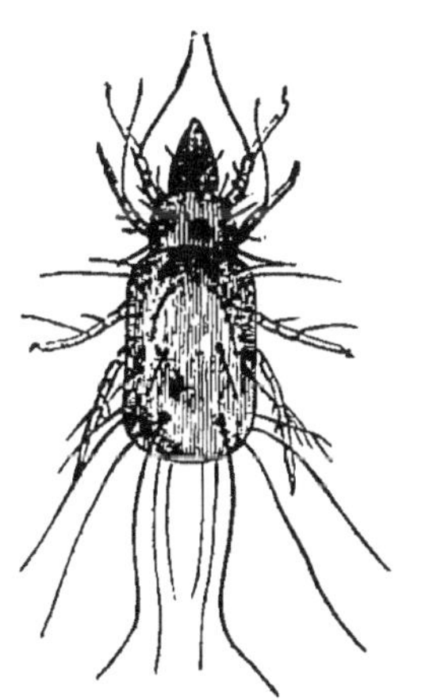

ACARUS DU FROMAGE.

ticulier ceux de Hollande, de Gruyère et de Roquefort, renferme des escouades d'*Aca-rus* manœuvrant à leur surface. Je vous ferai grâce de toutes les *Mites* qu'on trouve dans la farine, dans les substances en fermentation et jusque dans les confitures qu'on a laissées vieillir...., mon intention n'est pas de vous inspirer le dégoût d'une foule de bonnes choses.

LES RAGEURS

Jetons maintenant un coup d'œil sur d'autres ARACHNIDES d'un caractère peu sociable.

Il s'agit des *Scorpions* que, nous autres gens du Nord ou du Centre, nous ne connaissons guère que de nom. Malheureusement il n'en est pas ainsi des habitants du Midi ou des contrées tropicales, dont les demeures sont infestées par ces malfaiteurs nocturnes. Comme ils aiment autant la chaleur que l'obscurité, ils se glissent la nuit dans les lits, sous les oreillers, et leur piqûre cause parfois la mort des petits enfants.

Regardez la figure de la page 25 et dites-moi

si le premier regard jeté sur le *Scorpion* ne lui est pas déjà défavorable? Malgré l'exiguïté de sa taille, il commande la terreur et la répulsion. La couleur sombre de son corps, ses longs bras ou palpes, terminés par des pinces toujours prêtes à la rapine, sa tête enfoncée dans le thorax lui donnent l'air sournois et malfaisant.

— N'était son abdomen grêle et allongé, il ressemblerait assez à l'écrevisse.

— Cet abdomen, composé d'anneaux cornés assemblés par une peau tenace, est terminé par un dard acéré. C'est là l'arme terrible dont le *Scorpion* use et abuse. Deux petites ouvertures placées à la base du dard versent dans les blessures qu'il fait un venin subtil qui foudroie instantanément les insectes piqués. Les *Scorpions* ne se contentent pas d'empoisonner ainsi les proies nécessaires à leur subsistance, ils outrepassent leurs droits en immolant par cruauté d'innocentes victimes, sans profit pour leur appétit. Notez que huit petits yeux perçants, disséminés sur la tête et sur le dos, exercent autour d'eux une surveillance active. Ces empoisonneurs peuvent donc saisir à l'improviste la proie qui s'approche de quelque côté que ce soit.

— Alors ces méchants tuent pour tuer?

— Hélas! ils sont si défiants, si irascibles, qu'ils voient des ennemis partout, et il faut leur accorder pour excuse qu'ils croient ainsi se défendre. Quatre paires de pattes articulées, terminées par des ongles, leur donnent la facilité de cheminer en avant, en arrière, à droite et à gauche. On les voit tour à tour prendre l'allure provocante, lâche ou équivoque. Ils courent très vite, les bras étendus, sifflant et crachant, traînant à plat sur le sol leur longue queue perfide ou la retroussant jusque par-dessus la tête d'une façon menaçante. Ils saisissent avec leurs pinces les Vers, les Cloportes, les Araignées, les Insectes et, après les avoir ainsi écrasés, ils les broient à l'aide de leurs fortes mandibules.

Comme tous les malfaiteurs, ils sont farouches et lâches. Ils se cachent le jour dans les tas de fagots, dans la terre, sous les pierres, dans les fentes des vieux murs. Quand ils pénètrent dans NOS MAISONS, ils vont s'abriter derrière les meubles et les tentures.

Les *Scorpions* supportent mal la compagnie de leurs semblables. Aussi voraces que querel-

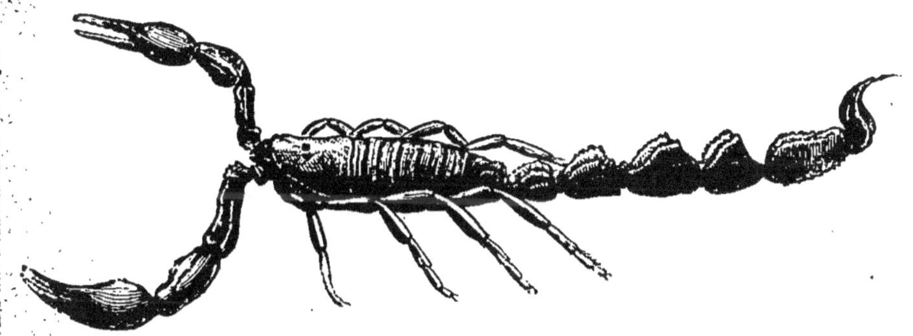

SCORPION DU NORD DE L'AFRIQUE.

leurs, ils terminent leurs différends en se mangeant les uns les autres. Ils ne font pas beaucoup de façons pour dévorer leurs propres enfants, soit dans les temps de disette, soit pour les châtier quand ils ont à se plaindre de leur caractère.

— Singulière manière d'entendre l'éducation!

— Dans les querelles de ménage, la femelle, plus féroce encore que son époux, le tue fort gentiment et lui donne le plus souvent son estomac pour sépulture. Ce qui paraît incompatible avec de tels instincts, c'est l'amour que la mère témoigne à sa progéniture dans sa plus tendre enfance. Elle veille attentivement sur ses petits, les emporte sur son dos partout où elle va, pourvoit à leurs besoins pendant tout un mois. Au bout de ce temps, les enfants, peu confiants dans des démonstrations d'amour qui peuvent se terminer par une scène de cannibalisme, s'éparpillent de différents côtés pour faire leur chemin dans ce monde rempli d'embûches.

Les *Scorpions* de la Guyane, de l'Inde et de l'Afrique, qui atteignent la taille de l'Écrevisse, sont redoutables pour l'homme. Quand leur piqûre n'entraîne pas la mort, elle apporte dans l'économie des désordres graves.

Notre *Scorpion d'Europe*, long de deux à trois centimètres, est un petit rageur dont la piqûre,

peu dangereuse, produit une douleur cuisante
analogue à celle de la guêpe.

— La mauvaise réputation de nos *Scorpions*

SCORPION OCCITANIEN.

tiendrait donc plus à leur mauvais caractère
qu'à leurs mauvaises actions?

— Ils sont généralement plus redoutés que
redoutables, quoique l'effroi qu'ils inspirent soit

quelquefois justifié. Ainsi le *Scorpion roussâtre*, dit encore *Occitanien* parce qu'il est originaire de l'Occitanie (ancien nom du Languedoc), est un personnage grincheux qui fait d'assez mauvaises blessures. Mauvais père, mauvais époux, mauvais voisin, il vit toujours seul. On ne le trouve jamais qu'en compagnie de la vieille défroque qu'il a quittée à sa dernière mue.

— Le méchant sait bien qu'il n'a pas de plus cruel ennemi que le méchant, et il évite la société de ses pareils.

LES FILANDIÈRES ET LES CHASSERESSES

Nous trouverons les *Araignées* dans tous les coins poudreux de NOS MAISONS.

— Décidément, nous ne sortons pas des petits monstres.

— L'épithète manque d'aménité. Je vois que

vous partagez le préjugé qui fait honnir ces merveilleuses filandières. J'aurai sans doute bien de la peine à vous faire revenir de vos préventions et à vous prouver que les *Araignées* sont des ménagères proprettes, très soigneuses de leur personne.

— Quel enthousiasme !

— Que voulez-vous ! je ne passe jamais devant une toile d'*Araignée* sans admirer l'habile ouvrière qui, sans rouet, ni fuseau, ni métier, confectionne un tissu merveilleux auprès duquel la fine batiste de votre mouchoir n'est qu'une toile grossière. Regardez et comparez les deux tissus à la loupe, vous m'en direz des nouvelles. Ne serez-vous pas émerveillés de la dextérité de ces fileuses, en songeant que les fils qu'elles emploient sont si ténus qu'il n'en faudrait pas moins de quatre-vingt-dix pour obtenir une seule corde de la grosseur d'un de vos cheveux !

— Ce n'est pas nous qui pouvons lutter avec elles d'habileté. Nos doigts ne seraient certes ni assez agiles, ni assez délicats pour manier des fils si déliés. N'a-t-on jamais tenté d'utiliser le fil de l'*Araignée*, comme celui du *Ver-à-soie?*

— L'industrie a échoué dans ses tentatives, et la soie d'*Araignée* est restée sans emploi. Vous ne serez pas surpris que l'expérience ait été abandonnée, quand vous saurez qu'il fallait sept ou huit cents *Araignées* pour produire un demi-kilogramme de soie, et qu'on devait tordre ensemble plus de 1800 fils pour en obtenir un seul offrant assez de résistance au tissage.

— Comment les *Araignées* filent-elles donc? D'où tirent-elles la matière première qu'elles emploient? De quels instruments disposent-elles?

— Avant de répondre à ces questions, je dois, pour être plus intelligible, vous faire connaître l'histoire et la nature intime de ces diligentes fileuses.

Les *Araignées* naissent d'un œuf. Elles s'accroissent par des mues successives. Au moment de la mue, la peau du dos se fend et c'est par cette fente qu'elles se déshabillent. On voit souvent de ces défroques oscillant au bout d'un fil accroché à la toile. Le corps de l'*Araignée* est divisé en deux parties distinctes : le *thorax* avec lequel se confond la tête, et l'*abdomen*. Le tho-

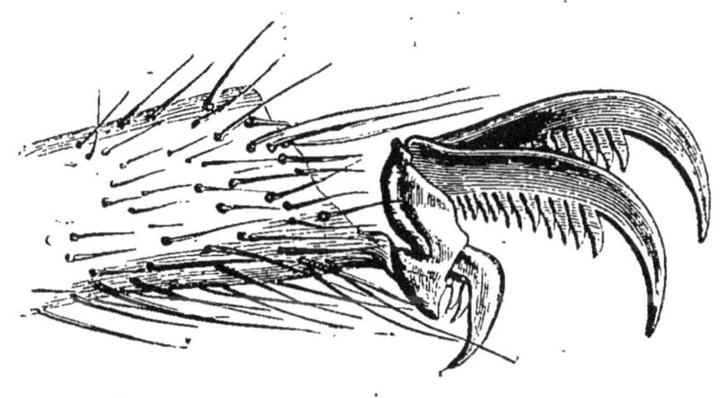

GRIFFE D'ARAIGNÉE VUE AU MICROSCOPE.

rax, ou partie antérieure, est protégé par une enveloppe composée d'anneaux articulés au moyen d'une peau tenace ; les pattes y sont attachées. L'abdomen globuleux renferme l'estomac, les cavités pulmonaires, les poches où reste en réserve la liqueur première destinée à former la soie.

— Quel magasin que cet abdomen !

— Et quel atelier que le thorax avec l'outillage de ses huit pattes terminées par des crochets ou des brosses ! quel arsenal que la tête avec son attirail de pattes-mâchoires, de pinces dentées armées de griffes empoisonnées ! C'est par une petite ouverture ménagée à l'extrémité de ces griffes que suinte la goutte de venin qui tue la proie en la capturant.

— Ah ! ah ! vos perfections d'*Araignées* sont des assassins de profession.

— Leur crime est-il plus grand que celui de nos chasseurs, dont l'adresse est si vantée ? Est-il plus condamnable de détruire les insectes nuisibles que de tuer du gibier inoffensif ? Vous reprochez aux *Araignées* leurs instincts carnivores : vous-mêmes, faites-vous tant de façons pour manger une côtelette de mouton ou une aile de poulet ? Chacun vit comme il peut !

— Nous serions embarrassés de répondre à cela. Mais, au moins, la piqûre des *Araignées* est-elle sans danger pour l'homme ?

— Dans nos contrées, oui, nous n'avons rien à redouter d'elles ; mais, sous les Tropiques, la morsure de certaines ARANÉÏDES peut occasionner de fortes fièvres.

— Est-il vrai qu'elles aient la faculté de voir dans l'obscurité ?

— Tout ce que je puis vous dire, c'est que les six ou huit yeux qu'elles possèdent, suivant les espèces, sont vifs et perçants. Ils sont rangés en deux lignes courbes au sommet de la tête, où ils brillent comme des perles de jais. Cette disposition permet aux *Araignées* de voir à la fois dans toutes les directions.

La répugnance que vous avez jusqu'ici ressentie pour les *Araignées* vous a sans doute empêchés de les observer d'assez près pour remarquer de tout petits trous percés sur leur abdomen, ce sont les *filières ;* elles communiquent avec les poches de liqueur gommeuse placées à l'intérieur au moyen de milliers de petits tubes débouchant à l'extérieur.

— Il faudrait de bons yeux pour les apercevoir.

— Et la loupe? Et le microscope? vous oubliez ces indiscrets toujours prêts à nous révéler les secrets les mieux cachés.

Lorsque l'*Araignée* veut filer, elle presse ses filières avec ses pattes pour en faire sortir, comme à travers une passoire, le fluide gommeux qui s'étire en filaments extrêmement fins. Ces milliers de filaments sortant à la fois des quatre filières se solidifient au contact de l'air.

Quand l'*Araignée domestique* a choisi l'endroit où elle veut élire domicile, elle presse toutes ses filières contre le mur et les milliers de trous dont elles sont percées laissent échapper les fibres soyeuses qui se collent à la muraille en se ramifiant comme les racines d'un arbre. De sorte que si l'un d'eux vient à se rompre, la solidité de l'attache n'est pas compromise. Cette opération terminée, l'*Araignée* saisit entre ses pinces tous les brins flottants pour les agglutiner en un seul fil que nos yeux peuvent alors apercevoir. Elle tire cette corde unique avec ses deux pattes postérieures pour s'assurer qu'elle est solidement fixée; puis elle continue son chemin et file tout en marchant.

Parfois elle suit tranquillement les deux faces de l'angle du mur, parfois elle le franchit en s'élançant à travers l'espace, emportant avec elle le fil qu'elle colle sur le mur en retour. Elle établit ainsi une corde tendue sur laquelle elle passe et repasse, en habile acrobate, pour la doubler, la tripler et la quadrupler. C'est la lisière qui devra résister à tous les accidents pouvant menacer la toile; songez si elle doit être solide.

L'*Araignée* range ensuite les uns à côté des autres, en les laissant un peu lâches, une série de cordons qu'elle double et triple à son gré.

Lorsque la chaîne lui paraît convenablement ourdie, elle achève la trame, non pas en faisant la navette, mais en collant de nouveaux fils en travers des premiers. Tous ces fils neufs sont d'abord assez gluants. Pour les empêcher de se brouiller, d'adhérer sans ordre les uns aux autres, l'*Araignée* redresse les poils des brosses disposées sous ses *pieds* — c'est ainsi qu'on nomme le dernier article des pattes — et les passe entre les fils comme pour les peigner.

L'*Araignée domestique* n'habite pas sa toile. Elle se loge à côté, dans une fente de la muraille qu'elle a tapissée de soie et mise en communication avec son filet par de longs câbles. Quand ces cordons avertisseurs s'agitent, elle accourt pour voir ce qui se passe. Si la proie prise au piège est une petite mouche, elle enfonce ses crochets dans le corps de sa frêle victime et se retire dans sa cachette pendant que le poison fait son œuvre. Si c'est une grosse proie qui, en se débattant, pourrait causer des avaries, la prudente *Araignée* se met à filer et emmaillotte l'intrus dans un réseau inextricable. Le prisonnier est alors solidement garrotté par la camisole de force que lui a passée le geôlier qui sera son bourreau. Après l'avoir tué, l'*Araignée* l'emporte comme un sac dans un recoin obscur, où elle s'en repaît à loisir. Elle

ARAIGNÉE DOMESTIQUE DANS SA TOILE.

ne laisse jamais traîner longtemps dans sa toile le cadavre d'une victime.

— Vous n'aviez pas trop vanté son amour de l'ordre.

—Oh! ne flattons personne. Ceci est plutôt un raffinement de malice. C'est pour que le spectacle de son charnier n'épouvante pas les Insectes étourdis que l'esprit d'aventure amènerait de ce côté. Enfin, quand c'est un adversaire redoutable qui s'est introduit dans son logis, l'*Araignée* coupe avec ses pattes-mâchoires la partie de la toile où il s'est fourvoyé et le laisse prudemment tomber sur le sol.

— Est-ce qu'une maille rongée n'emporte pas tout l'ouvrage?

— Non. Le dommage est tout aussitôt réparé.

— Il faut vraiment que les *Araignées* soient douées d'un courage et d'une patience à toute épreuve pour recommencer avec une telle persévérance les toiles que tant d'ennemis — à commencer par nous — se plaisent à détruire.

— Notez que ces toiles sont des engins de

chasse et que les *Araignées* ne peuvent indéfiniment réparer ou refaire. Les filandières doivent être jeunes.

— Comment s'approvisionnent-elles donc quand elles ne peuvent plus filer ?

— Les vieilles n'ont probablement pas d'autre expédient que de s'emparer de la toile toute faite d'une plus jeune. La propriétaire ne déloge pas sans protester ; il s'ensuit un combat acharné, qui finit ordinairement par la mort d'un des combattants. Et, comme il arrive chez les sauvages, le vainqueur mange alors le vaincu.

— Voilà qui est peu édifiant.

— Que voulez-vous ? personne n'est parfait ; pas même les *Araignées !* Il arrive parfois qu'après un duel à outrance, les deux adversaires sont mis hors de combat. Les écloppées se retirent chacune dans une cachette, où elles attendent la guérison de leurs blessures.

Entre époux et connaissances, les *Araignées* sont revêches ; mais elles ont pour leur progéniture une tendresse protectrice qui ne se dément jamais. Elles couvent avec amour le cocon où elles ont renfermé une centaine d'œufs et, aussitôt l'éclosion, elles prodiguent des soins touchants aux petits trop faibles pour se nourrir eux-mêmes.

—Ceci nous réconcilie avec elles.

—L'hiver, les *Araignées* restent plongées dans la torpeur; mais, du printemps à l'automne, elles sont activement occupées aux soins du ménage et à l'éducation de leurs enfants.

L'*Araignée domestique* est la *Tégénaire* des zoologistes. Elle appartient au groupe des *Araignées sédentaires* ainsi que le *Pholque* jaunâtre, au corps svelte, aux pattes très longues, qui file dans les coins peu éclairés des toiles composées de fils lâches. La femelle des *Pholques* ne tisse pas de cocon pour enfermer ses œufs, elle les agglutine en une petite boulette qu'elle emporte partout accrochée à ses mandibules.

Vous trouverez dans les fentes des murs, à l'extérieur de la Maison, d'autres *Araignées sédentaires* qui se construisent une logette soyeuse de forme tubulaire où elles se tiennent à l'affût. Ce sont les *Ségestries,* dont une espèce qualifiée de *perfide* est commune par toute la France.

— Et cette autre petite *Araignée* noirâtre, zébrée de bandes blanches, que l'on aperçoit souvent au soleil sur l'appui des fenêtres, qui donc est-elle ?

— Celle-là est une fameuse chasseresse, qui ne tend pas de filets et compte absolument sur son adresse pour se procurer des vivres. On lui donne le nom de *Saltique,* qui signifie sauteuse, et on y ajoute la qualification de *chevronnée,* à cause des bandes blanches qui décorent son abdomen. C'est une *Araignée vagabonde* de la tribu des *Voltigeuses.* Ses pattes robustes sont conformées pour le saut aussi bien que pour la course.

Lorsque, de la crevasse où elle se tient à l'affût, elle aperçoit une mouche appétissante, elle s'en approche furtivement par derrière, d'une façon si lente et si uniforme qu'elle paraît glisser, prenant avantage de toutes les inégalités du mur qui peuvent la dissimuler. Arrivée à portée, elle s'arrête pour prendre son élan et fond sur le gibier convoité. Dans la prévision d'un saut mal mesuré qui occasionnerait une chute funeste, elle a pris le soin de s'amarrer à l'aide d'un câble de sûreté. Elle ne peut donc tomber que de la longueur de ce câble et elle en est quitte pour regrimper à la corde lisse. Le plus souvent elle ne manque pas son coup et se trouve d'un bond à califourchon sur la pauvre mouche qu'elle empoisonne. La *Saltique chevronnée* est brave. Malgré l'exiguïté de sa taille, elle n'hésite pas à entrer en lutte avec les géants de son espèce. Plus d'une grosse *Araignée de jardin* a dû s'avouer honteusement vaincue par cette vaillante petite amazone.

Nos maisons sont encore fréquentées par des *Araignées marcheuses* qui ne font pas de toiles et se contentent de tendre des fils isolés en guise de traquenards. Ces *marcheuses* cheminent indifféremment en avant, en arrière ou de côté ; elles ont comme les Scorpions une allure équivoque.

Je vous ferai remarquer, en terminant, que les *Scorpions* et les *Araignées* ne sont point des Insectes. Ils appartiennent avec les *Mites* à la classe des ARACHNIDES.

LES VILAINS TÉNÉBREUX

Furetons encore dans les coins obscurs de NOS MAISONS. Nous ne manquerons pas de trouver partout la place occupée. Seulement, je dois vous prévenir que parmi ces habitants des ténèbres nous rencontrerons peu d'êtres bienfaisants ou gracieux.

Pourtant, à la cave nous trouverons une grosse *Araignée* que nous nous garderons bien d'écraser dans un mouvement de terreur irréfléchie. Nous la laisserons vaquer en paix à ses utiles fonctions, car elle nous délivre d'une foule de petites bêtes nuisibles infiniment plus déplaisantes qu'elle-même. C'est à cette *Araignée de cave* que Lalande trouvait un goût de noisette.

— Respectons-la donc, en faveur de ses services et en mémoire de l'illustre astronome.

— Sous les tonneaux, derrière les planches à bouteilles, partout où il fait noir et humide, nous débusquerons des *Cloportes*, qui, rompant un instant avec leurs habitudes nonchalantes, s'enfuiront au plus vite dès que nous les aurons exposés à la lumière.

Le *Cloporte*, dont le nom est une contraction des mots *clou à porte*, mérite bien le sobriquet de *Porcelet* que lui a valu son goût pour la fange. Il se plaît dans les détritus de toute nature; quand les matières végétales qu'il préfère lui manquent, il se rue sur les cadavres des petits animaux et n'en laisse que l'enveloppe. En somme, ce lugubre CRUSTACÉ, au corps plus large qu'épais et couvert de sept plaques

munies chacune d'une paire de pattes, tout mal-
propre qu'il semble, est un bon balayeur.

La femelle renferme ses œufs dans un cocon
qu'elle porte sous son corps. Après leur éclosion,
les petits, d'abord d'un gris bleuâtre, viennent
à la moindre alerte se réfugier entre les lames
respiratoires que porte la queue de leur mère.
Ils en sortent pour jouer autour d'elle, ce qui a
fait croire longtemps que les *Cloportes* mettaient
au monde des petits vivants.

Il n'y a pas longtemps que les *Cloportes*
étaient utilisés en médecine et considérés
comme apéritifs.

— Pouah ! ces *Porcelets* sont plutôt faits pour
ôter l'appétit.

— Dans les coins de la cave, nous verrons
encore des COLÉOPTÈRES d'un noir luisant. Ce
sont les *Blaps*, qui, la nuit, se traînent à la
recherche des *Limaces de cave*. Leurs élytres
soudées, prolongées en une petite queue, ne
recouvrent point d'ailes et les font aisément
reconnaître. Ces Insectes, stupides et dégoû-

tants, exhalent une odeur repoussante qui persiste longtemps aux doigts après qu'on les a touchés. Les bonnes femmes de notre pays considèrent les *Blaps* comme de fâcheux présages et les appellent *porte-malheur, présage de mort, sorcières de la mort.* Les femmes d'Orient, non moins ignorantes, leur prêtent une influence contraire.

BLAPS.

Elles prétendent que les *Blaps* assurent la longévité et favorisent l'embonpoint des coquettes qui les mangent.

— De quoi la coquetterie ne rend-elle pas capable !

— Quant à nous, si nous mangeons parfois les larves du *Ténébrion*, COLÉOPTÈRE qui appartient au même triste groupe, c'est bien à notre corps défendant.

— Nous mangeons donc des larves de *Ténébrions?* qu'est-ce que c'est que ces bêtes-là ?

— Ainsi que le nom vous l'indique, le *Téné-*

brion se plaît dans les ténèbres. Il se tient dans les coins des cuisines et des boulangeries, où il se goberge de débris de pain. Mais c'est la farine qu'il aime par-dessus tout. Quels efforts, quelles ruses il déploie pour arriver jusqu'au coffre que l'on vient d'emplir de farine fraîche ! Si ce coffre est trop exposé à la lumière et si l'escalade en est hasar-

TÉNÉBRION
ET VER DE FARINE.

deuse, le *Ténébrion* renonce à monter à l'assaut. Il pénètre par-dessous, comme un mineur, rongeant le bois le plus dur pour se frayer un passage. Une fois dans la place, il reste sagement au fond, certain de ne pas être découvert. C'est dans ce milieu délectable qu'il pond ses œufs. Les larves éclosent bientôt sous forme de vers jaunes, vernissés, et nous ne les trouvons que trop souvent dans la pâte de notre pain, mêlées parfois aux débris de l'insecte parfait. Les *Ténébrions* sont recherchés des oiseleurs, qui les donnent en pâture à leurs petits pensionnaires ailés et chantants.

— Nous ne nous plaindrons pas que ces charmants petits oiseaux fassent tort à notre consommation.

— C'est encore de la boulangerie voisine que nous vient la *Blatte* immonde qui retrouve dans nos cuisines la douce température du fournil. Les ongles crochus de ses robustes pattes l'aident à escalader les murailles. Son corps aplati lui permet de passer à travers les fentes les plus étroites, de se glisser inaperçue entre les planches des parquets, entre les gonds des portes, entre les joints des meubles et de s'introduire dans les armoires. Sa couleur fauve la dissimule dans les plis des tentures et des sièges capitonnés.

La nuit, elle quitte sa retraite pour aller à la maraude, se ruant sur les comestibles qu'elle empeste. Les restaurants mal tenus regorgent de ces écœurants ORTHOPTÈRES qui courent à la curée de la desserte aussi bien sur les tables que dessous. Si l'on vient avec de la lumière pour leur faire la chasse à coups de balai, ils décampent vite en bondissant et en volant à la fois, aussi agiles des pattes que des ailes, et c'est à grand'peine qu'on parvient à en écraser sous les talons.

Les *Blattes* préfèrent la viande à toute chose. Lorsqu'elles parviennent à s'introduire dans le magasin aux provisions d'un navire, elles ont bientôt consommé un baril de salaisons. A la place de la viande dévorée, il ne reste plus qu'un amas de *Blattes*. Je vous laisse à penser quel parfum s'en exhale! Pendant les voyages au long cours, on est obligé d'enfermer les provisions dans des caisses de fer-blanc bien soudées pour les mettre à l'abri de leurs déprédations.

— Est-ce que, au retour, ces navires n'importent pas chez nous ces hôtes déplaisants?

— Évidemment. Les *Blattes* sont une denrée coloniale qui nous arrive en abondance, quoique peu demandée. On en connaît plusieurs espèces toutes plus malfaisantes l'une que l'autre. Aussi leur nom, qui appartient à un verbe grec que vous avez sans doute conjugué et qui signifie *je nuis*, nous paraît-il bien choisi.

La *Blatte de Laponie* occasionne parfois de véritables disettes en dévorant les provisions de poisson salé amassées pour l'hiver. Sous les Tro-

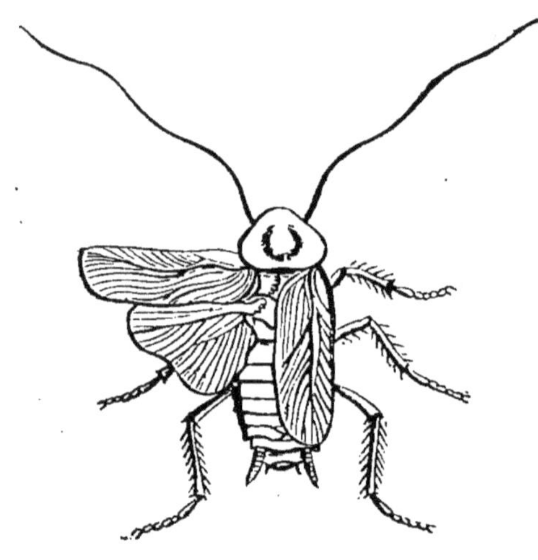

KAKERLAC.

piques, la *Blatte de Madère* appelée encore *Kakerlac* ou *Cancrelat* est un véritable fléau pour les colons. Elle dévore tout ce qu'elle rencontre : le linge, les vêtements, les chaussures, et les meubles!

— Quelle mâchoire il lui faut !

— Ces maudites bêtes savent amollir les corps les plus durs en les humectant d'une sorte de salive âcre et mordante qui facilite leur œuvre de destruction. Elles réussissent ainsi à transformer en biftecks à leur usage des tiges et des semelles de bottes. On ne parvient à les tenir en respect qu'avec l'assistance des Crapauds, qui leur font une chasse active. Aussi çes utiles Batraciens sont-ils, à la Havane, choyés dans les habitations.

— Le remède nous paraît pire que le mal.

— Non pas. Les Crapauds sont doux, timides, inoffensifs, exclusivement occupés de leur utile mission.

Les femelles des *Blattes* sont malheureusement très fécondes et prennent grand soin de ne pas laisser périr leur engeance. Elles traînent, attachée à la queue de leur abdomen, la capsule où leurs œufs sont renfermés et, au moment de l'éclosion, elles aident les petits à en sortir. Elles passent et repassent les pattes sur leur corps, et semblent ainsi les caresser et les encourager à vivre de la bonne petite vie que mène leur race. Les larves, d'abord pelotonnées deux par deux, se séparent et croissent rapidement.

— Mauvaise graine est tôt venue.

— Il leur faut pourtant une demi-douzaine de mues pour acquérir leur entier développement.

La *Blatte d'Allemagne*, répandue dans toute l'Europe, porte chez nous les noms de *Noirot*, *Bête noire*, *Cafard*.

— Que les Crapauds nous en délivrent !

— Le préservatif le plus radical est encore la propreté. Cependant, en cas d'invasion, on peut employer avec succès la poudre de pyrèthre, qui les paralyse d'abord et les fait ensuite mourir.

Le *Grillon domestique* est un autre ORTHOPTÈRE nocturne qui, blotti tout le jour derrière les plaques de cheminées, sous l'âtre des cuisines, dans les crevasses des fours, nous révèle sa présence par son cri-cri monotone. Il ne sort que la nuit à la recherche de sa nourriture.

— Au moins, cet hôte-là n'est pas un dépré-
dateur.

— Hum ! je voudrais pouvoir l'affirmer.

— Comment ! le *Grillon du foyer* n'est pas
inoffensif ?

— Je n'aime pas à parler mal des gens et à
ternir leur réputation. Mais je suis ici pour leur
dire sincèrement leur fait et non pour les
flatter. Ne comptez pas qu'à propos des *Grillons*
qui, soi-disant, portent bonheur à NOS MAISONS
je vais faire de la poésie aux dépens de la vérité.
Je suis donc contraint d'avouer que le *Grillon
domestique* touche à nos provisions. Il n'a pas,
il est vrai, un gros appétit, mais enfin c'est à
notre détriment qu'il le satisfait. De plus, il
est adonné à la boisson.

— Oh ! oh ! voilà qui est fort vilain !

— Les ménagères le trouvent souvent le
matin noyé dans les vases où il est venu boire, et
notamment dans les jattes de lait où il s'est
abreuvé à en perdre la tête. C'est peut-être
encore par amour du liquide qu'il s'attaque aux

vêtements de laine mouillés et au linge qu'on étend pour le sécher. J'ai regret d'ajouter que les *Grillons* sont très querelleurs. Ils se tuent entre eux pour le plaisir de se battre sans en tirer aucun profit, puisque, contrairement à la coutume de tant d'autres animaux, le vainqueur ne dévore point le vaincu. Quelques naturalistes affirment qu'ils font aussi la guerre aux *Blattes*....

— Donnons-leur donc un bon point.

— Attendez! D'autres prétendent au contraire que les *Blattes* les poursuivent jusque dans les retraites les plus inaccessibles, et qu'à leur vue les *Grillons* affolés, terrorisés, asphyxiés — vous savez pourquoi — tendent docilement, machinalement, le cou aux cruelles mandibules qui les décapitent. Je ne dirai point : *j'y étais, telle chose advint.* Je me contenterai de dire sciemment que le *Grillon des champs*, plus batailleur que l'autre, nous débarrasse à la fois et des *Blattes* et des *Grillons domestiques.*

— Nous débarrasse! vous en voulez décidément au modeste chanteur de nos foyers.

— Pourquoi l'appeler chanteur? Râcleur de violon tout au plus! C'est en frottant rapidement l'un contre l'autre les bords de ses élytres que le *Grillon* nous joue toujours le même air. Ses ailes sont formées de nervures solides entre lesquelles des membranes moins épaisses sont tendues comme des peaux de tambours. Ce sont les vibrations de ces membranes qui produisent la stridulation si connue, considérée par les uns comme un chant d'heureux augure, et par les autres comme un présage de malheur. Le *Grillon* n'y entend pas malice. Il ne se préoccupe pas s'il porte bonheur ou non à la maison : il n'a d'autre but, en se livrant à cet exercice musical, que d'appeler sa femelle.

— Et sans doute elle lui répond de même?

— Non. Chez les *Grillons*, le *beau sexe* garde un silence modeste.

LES HABITANTS DES ARMOIRES

Ouvrons une armoire humide placée à contre-jour, il s'en trouve dans toutes les Maisons. Nous y verrons courir de tout petits Insectes *aptères*, c'est-à-dire *sans ailes*, ayant la tête empanachée de deux antennes, la bouche armée de fortes mandibules et la queue formée de plusieurs filaments, sortes de ressorts à l'aide desquels ils font des sauts de carpe. Leur corps allongé, couvert d'écailles luisantes disposées comme les tuiles d'un toit, semble revêtu de paillettes d'argent. Les naturalistes les appellent *Lépismes*, c'est-à-dire écaillés, ou encore *Forbicines*, c'est-à-dire petits forbans.

Vous, vous les nommez *Petits Poissons d'argent* à cause de leur couleur argentée, de la prestesse avec laquelle ils glissent entre les doigts, et aussi à cause de leur allure vive, ondulatoire, qui leur donne l'air de nageurs aériens.

— Nous les avons en effet vus sortir souvent d'un vieux bouquin oublié dans un coin, courir entre les feuillets ou s'échapper prestement du dos de la reliure pour fuir la lumière.

— Ne vous êtes-vous point demandé comment ils avaient pu pénétrer dans un domicile si bien clos et par quel privilège ils n'y étaient point écrasés sous le poids des feuillets compacts?

Ces *Petits Poissons d'argent*, ennemis redoutables de la littérature, creusent avec leurs mandibules, à l'intérieur des in-folio les plus respectables, des tunnels étroits, longs de plusieurs centimètres, où ils trouvent du même coup la nourriture et le logement. Vous ne doutez pas du soin que mettent les bibliophiles à défendre leurs précieux volumes contre ces singuliers amateurs de livres. Du reste, il ne faut pas négliger de les pourchasser partout, car ils s'attaquent aussi aux étoffes de laine, au sucre en poudre et fréquentent le garde-manger.

Heureusement pour nous qu'à côté du *petit forban* qui commet le mal, se trouve l'agent chargé de l'arrêter et de le punir. C'est le *Chélifère* ou *porte-pince*, vulgairement appelé *faux scorpion*. Faux scorpion est bien dit, car si le *Chélifère* est de la famille du Scorpion, il en diffère d'abord en ce qu'il n'est ni traître ni lâche, et surtout en ce qu'il n'a ni longue queue, ni dard acéré, ni glandes empoisonnées.

— Est-ce un géant d'une force herculéenne ?

— Loin de là. C'est un tout petit ARACHNIDE à peine gros comme le *Lépisme*, mais qui ne craint pas de s'attaquer à des adversaires vingt fois plus gros que lui. Le *Chélifère* n'est pas beau; quand vous le rencontrerez, ne le condamnez pas sur sa mine. Vous le reconnaîtrez à son corps brunâtre, luisant comme l'acier, recouvert d'une cuirasse résistante, porté par huit pattes armées de deux pinces d'une longueur relativement considérable et de fortes mandibules. Ce petit héros ne demande qu'à combattre les méchants et nous accorde gratis sa protection. Il fait la police de nos armoires et condamne à mort, dans son omnipotence et sous sa responsabilité, tous les ennemis de nos tapis, de nos tentures, de nos livres, de nos fourrures. Il va en guerre contre les Fourmis, les Pucerons, les Teignes et même contre les Blattes qui le surpassent de beaucoup en taille et en force. C'est surtout le Lépisme qu'il se plaît à poursuivre jusque dans les sombres tunnels où il se réfugie. Quand la bibliothèque ne lui offre plus son gibier favori, il pénètre dans les armoires, fourrage dans les étoffes de laine à la recherche des *Teignes* et du *Dermeste des fourrures.*

— Brave petit *Chélifère !*

— Ces *Dermestes* sont de vilains et malpropres personnages. La timidité, ou mieux la poltronnerie, leur inspire une ruse assez singulière : à la moindre alerte, ils font le mort, espérant sans doute échapper ainsi à l'attention. Les plus communs sont les *Dermestes du lard,* ces petits COLÉOPTÈRES qui abondent dans les charcuteries mal tenues où leurs larves velues et rougeâtres se repaissent de matières putrides.

Une autre espèce, le *Dermeste noir à deux points blancs*, ou *Attagène des pelleteries*,

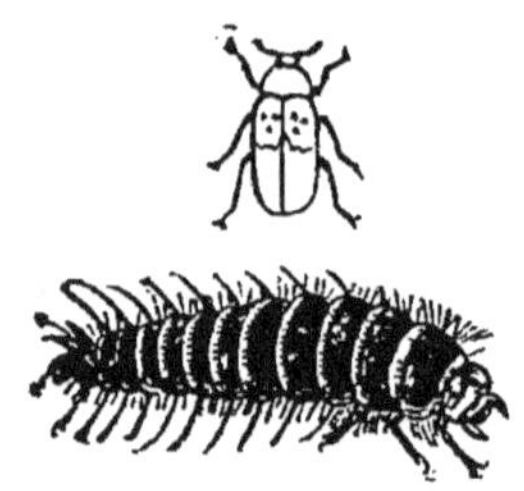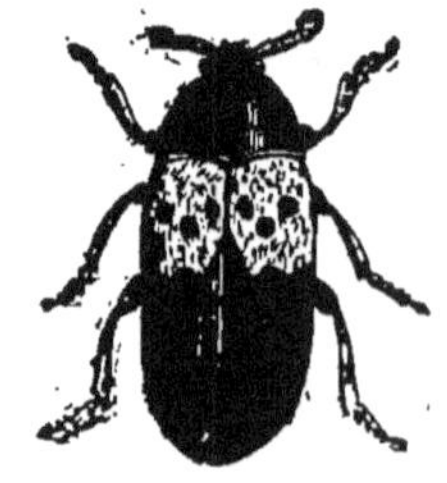

DERMESTE DU LARD.

qui n'est guère plus gros qu'un grain de blé, est l'effroi des fourreurs. Sa larve jaunâtre, aux mâchoires tranchantes, fauche en pleine four-

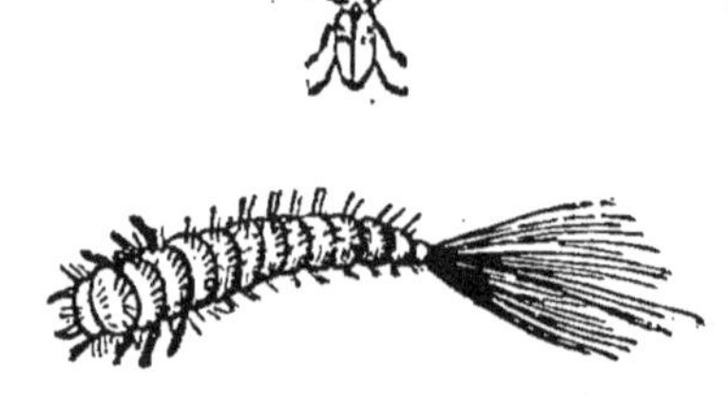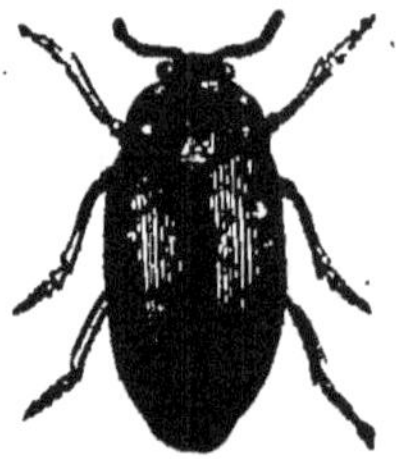

ATTAGÈNE DES PELLETERIES.

rure les poils qu'elle dispose en gerbes après en avoir utilisé une partie pour s'en fabriquer un vêtement chaud. Si bien que le cuir reste à nu dans les fourrures qu'on n'a pas eu soin de secouer à temps. Après quoi, l'insecte parfait, qui ne veut pas assumer la responsabilité du dégât, s'en va, l'hypocrite, voler de fleur en fleur dans le jardin voisin.

— Décidément NOS MAISONS sont des repaires d'êtres malfaisants.

— D'autres fléaux des armoires, ce sont les *Teignes*, qui ont chacune leur spécialité de dévastation. Les unes s'en prennent au drap, aux tapisseries, au crin, aux plumes, aux fourrures; les autres préfèrent s'attaquer aux collections d'insectes desséchés, d'oiseaux et de mammifères empaillés; aussi sont-elles la terreur des naturalistes dont elles déjouent toutes les précautions, et l'exécration des ménagères dont elles ravagent les vêtements et les meubles en dépit du poivre, du camphre et du pyrèthre.

Parmi celles qui habitent NOS MAISONS, les plus redoutables sont sans contredit les *Teignes du drap*, dites encore *Teignes des tapisseries*. A l'état parfait, c'est-à-dire sous forme de petits

LÉPIDOPTÈRES, elles ne commettent point de délits et n'ont d'autre souci que de chercher dans nos habits et nos tentures un emplacement favorable pour y déposer leurs œufs. La larve qui en sort est une petite chenille blanche, vulgairement appelée *ver*. Elle vient au monde nue, c'est le cas de le dire, comme un ver. Ne

TEIGNE DES DRAPS

pouvant vivre ainsi pendant dix mois, elle prend le parti, — puisque personne ne s'en charge — de s'habiller convenablement, et elle confectionne elle-même ses habits.

— Comment parvient-elle à se costumer?

— N'en soyez point en peine. La *Teigne* naît couturière comme on peut naître artiste ou cuisinier. Sans avoir fait d'apprentissage, elle sait filer, tondre, tailler et coudre. Voici comment elle procède à sa toilette. Elle se file d'abord une chemise ou, si vous voulez, une tunique mille fois plus fine que ces élégants tissus de gaze portés par les femmes d'Orient. Mais on ne peut rester dix mois dans le simple appareil

D'une beauté qu'on vient d'arracher au sommeil.

Et puis, ce n'est pas tout, l'hiver est bien long et parfois bien rude. La *Teigne* se fabrique donc, à sa taille, un vêtement chaud et confortable dont elle varie la nuance suivant les circonstances, en respectant toutefois la coupe adoptée chez ses pareilles.

— Elle ne sacrifie jamais les convenances à la mode?

—Jamais. La *Teigne*, éclose dans un châle, un paletot, un gilet de flanelle, un bas de laine, un rideau ou une tapisserie, flaire autour d'elle pour s'informer du genre d'aliment qui lui est offert. Mais elle ne consomme pas tout le fruit de son travail, il lui en reste assez pour s'enve-

lopper d'un fourreau de laine de la nuance de
l'étoffe qu'elle a dépouillée et qui se trouve dou-
blé de soie par la tunique qu'elle a d'abord filée.

— Elle n'aura plus désormais qu'à se reposer

DRAP RONGÉ PAR DES TEIGNES.

et à rester bien au chaud dans sa douillette?
— Vous oubliez que la *Teigne* est vorace, et
qu'en mangeant elle grandit et grossit; que, par
conséquent, son habit devient trop court et trop
étroit, comme les vêtements des écoliers en pleine
croissance.

— Eh bien ! elle le troquera contre un autre.

— Du tout. L'économie est la première vertu de cette gâcheuse ; elle dilapide notre étoffe, mais elle ménage son temps et ses efforts pour tirer le meilleur parti de la besogne qu'elle a déjà faite. Elle ajoute à son fourreau, pour l'allonger, une nouvelle rangée circulaire de brins de laine,

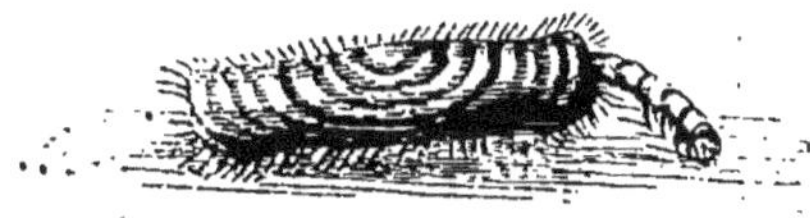

TEIGNE DES DRAPS MARCHANT.

mais il n'est pas aussi facile de l'élargir. Pour y parvenir, la petite couturière, se servant de ses mâchoires en guise de ciseaux, pratique peu à peu une fente dans la longueur de son fourreau et insère une pièce neuve entre les deux parties décousues. Quand elle a ainsi rajouté un lé entier d'un côté, elle en fait autant de l'autre et respire enfin à l'aise dans son vêtement élargi, jusqu'à ce que la nécessité de deux nouveaux lés se fasse sentir. Il arrive souvent qu'en voyageant de droite et de gauche sur une étoffe multicolore, la petite rongeuse se trouve vêtue d'un habit d'arlequin composé de pièces et de morceaux de toutes couleurs.

— Comment un être si frêle peut-il mener à bonne fin une œuvre aussi longue, au milieu des périls qui l'entourent? La moindre secousse, le plus léger souffle, doivent le jeter à terre ou le précipiter au loin.

— La *Teigne* est bien trop fine pour se laisser surprendre; elle a tout prévu. Comme si elle avait conscience de sa faiblesse, elle s'est amarrée à l'aide de câbles de sûreté. Les deux extrémités de son fourreau sont fixées à l'étoffe par une multitude de brins de soie filés par elle. Quand elle veut pousser une reconnaissance, elle détache les cordages qui la retiennent et va planter sa tente ailleurs. Je dis sa tente, car son fourreau est aussi bien une habitation qu'un vêtement. Lorsque arrive l'heure de la métamorphose, la *Teigne* cesse de manger et va suspendre son fourreau soit **au** plafond, soit dans l'angle d'un mur ou la fente d'un meuble. Elle se tient alors tantôt horizontalement, tantôt verticalement, mais toujours après avoir eu le soin de fermer les deux extrémités de sa logette par un rideau de soie. Environ trois semaines après,

TEIGNE SUSPENDUE DANS SON FOURREAU.

l'un des rideaux se déchire, livrant passage à un petit *Papillon* tout blasonné *portant d'argent aux pièces de sable.* Il vivra juste le temps nécessaire pour assurer l'avenir de sa postérité.

La *Teigne des crins* se comporte à peu près de même à l'intérieur de nos sièges rembourrés et de nos ma- telas. C'est une roturière qui se contente d'un fourreau de bure.

TEIGNE DES CRINS.

La *Teigne des fourrures* fait aussi plus de mal qu'elle n'est grosse. On la trouve souvent en compagnie de l'*Attagène des pelleteries*, fourra- geant à qui mieux mieux, rongeant avec la même insouciance les martres zibelines ou les peaux de lapin.

Les Papillons, éclos vers la fin de l'été, ont bientôt achevé leur ponte. C'est donc en septembre qu'il convient de secouer les tapis, les rideaux, les tentures, de brosser et de battre vigoureusement les meubles de tapisserie et les fourrures pour en faire tomber les œufs invisibles qu'ils peuvent recéler. Si les *Teignes* n'aiment point la poudre de pyrèthre, elles aiment encore moins les coups de bâton.

— C'est pourtant tout ce qu'elles méritent.

LES DÉMOLISSEURS

Vous avez pu remarquer souvent dans le bois des vieux meubles, tables, bahuts ou chaises, un grand nombre de petits trous ronds percés comme avec une vrille. C'est l'œuvre de petits

COLÉOPTÈRES d'un brun terne appelés *Vrillettes*. Fendez dans le sens des fibres, un morceau de bois ainsi criblé, vous trouverez au fond du logis un ver, blanc, mollasse, se gaudissant au milieu d'un amas de bois vermoulu ou, si vous voulez, moulu par ces vers. Cette poussière est le résidu des déjections de la petite vorace qui, de ses fortes mandibules, a su si bien manger le bois. La larve, devant vivre longtemps avant de devenir insecte parfait, se creuse une galerie qui s'allonge et s'élargit à mesure qu'elle grandit. Au moment de se métamorphoser, elle forme, avec la poudre de bois agglutinée, une logette ovale dans laquelle elle s'enferme. La *Vrillette* n'aura pour s'échapper qu'à percer la mince cloison.

Ce n'est pas seulement dans le vieux bois que la *Vrillette* exerce ses dégâts. Elle n'épargne pas plus les livres que les fourrures et les collections entomologiques. Elle ronge tout ce qui lui tombe sous les mandibules. Cachées à l'intérieur des boiseries de nos appartements, les *Vrillettes* y produisent la nuit un bruit singulier qui a donné lieu à de naïves superstitions. On a prétendu qu'elles étaient de mauvais augure et on les a surnommées *horloges de la mort*, sans doute parce que leurs pan, pan, pan! toc, toc, toc! rappellent les mouvements précipités d'une horloge dont l'échappement, n'étant plus retenu par le balancier, mesurerait plus rapidement la marche du temps. En martelant ainsi les boiseries à coups de tête, les *Vrillettes* n'ont pas d'autre intention que de s'appeler entre elles; c'est leur langage.

— Il faut qu'elles aient la tête dure !

— Ces Insectes se soustraient à la voracité de leurs ennemis par une ruse que nous avons déjà vu employer : *ils font le mort*. Au moindre danger, ils replient leurs antennes articulées, terminées en massue, enfoncent leur tête dans le corselet, cachent leurs six pattes sous l'abdomen et tombent en catalepsie. Ils restent ainsi, patiemment et obstinément, des heures entières. C'est à cette particularité qu'ils doivent leur nom latin d'*Anobium*, qui vient de deux mots grecs signifiant : *je vis de nouveau*. Tant qu'ils se croient en péril, ils préfèrent se laisser brûler vifs plutôt que de donner le moindre signe de vie.

— Gribouille se jetait bien à l'eau dans la crainte d'être mouillé !

— Je n'en ai pas fini avec les ennemis acharnés à la destruction de nos meubles, de nos vêtements, de nos ustensiles et de nos provisions. Dans certaines villes de France, les charpentes mêmes des MAISONS sont minées par d'infimes créatures. Ces travailleurs néfastes, appelés *Termès lucifuges* ou simplement *Termites*, sont des Insectes exotiques importés d'abord dans les chantiers de la marine à Rochefort par des navires venant d'Afrique. Les villes de Rochefort, de Saintes, de Tonnay-Charente, de La Rochelle et de Bordeaux furent successivement envahies par ces destructeurs africains. Encore s'ils travaillaient à ciel ouvert ! Mais non, ils se cachent en vrais malfaiteurs qu'ils sont ! ils minent sourdement et sournoisement le bois des charpentes et n'en laissent que l'enveloppe, que la forme extérieure. On est dans la plus grande sécurité et, au premier choc, au premier mouvement de l'édifice, tout craque, tout croule, tout tombe en poussière!

La catastrophe n'arrête pas la propagation de cette race maudite. Les œufs de ces terribles NÉVROPTÈRES, quoique placés en apparence dans les conditions les plus défavorables, couvent dans les décombres et donnent, tôt ou tard, naissance à des larves qui assurent l'avenir des futurs destructeurs.

— Quelle engeance!

— Les *Termites* sont, sans conteste, les plus grands déprédateurs de l'habitation humaine. Parfois, ils pénètrent à travers les planchers, détruisant tout dans un appartement avant qu'on ait pu soupçonner leur présence. Ils s'insinuent dans les pieds d'une table qu'on sent tout à coup s'écrouler sous la plus faible pression. Ils rongent le bois d'un lit, et le dormeur s'éveille abasourdi dans une chute, croyant à un tremblement de terre. Ils s'introduisent dans une bibliothèque, attaquent l'intérieur du bois, dévorent les feuillets des livres dont ils respectent la reliure, et le lecteur affriandé qui croit prendre un volume ne trouve qu'un amas de poussière entre les couvertures. C'est ainsi qu'à La Rochelle ils ont détruit les anciennes archives ; on renferme actuellement les nouvelles dans des boîtes de métal. A Tonnay-Charente, ils ont miné les solives d'une salle à manger dont le plancher s'écroula sous le poids des convives, qui, bon gré mal gré, descendirent à l'étage inférieur.

— Et l'on ne peut rien contre eux ?

— Comment aller chercher des ennemis si bien cachés ? Mais, puisqu'il n'y a pas moyen de les atteindre dans le milieu où s'exercent leurs ravages, il faut les empêcher d'entrer. On y réussit aujourd'hui en n'employant plus pour les charpentes que du fer ou des bois injectés de sels métalliques.

Le *Termès lucifuge* brave l'homme. Il ne re-

doute qu'un seul adversaire : le brave *Chélifère*
dont je vous ai déjà parlé.

— Mais les Français du Nord, du Centre et de

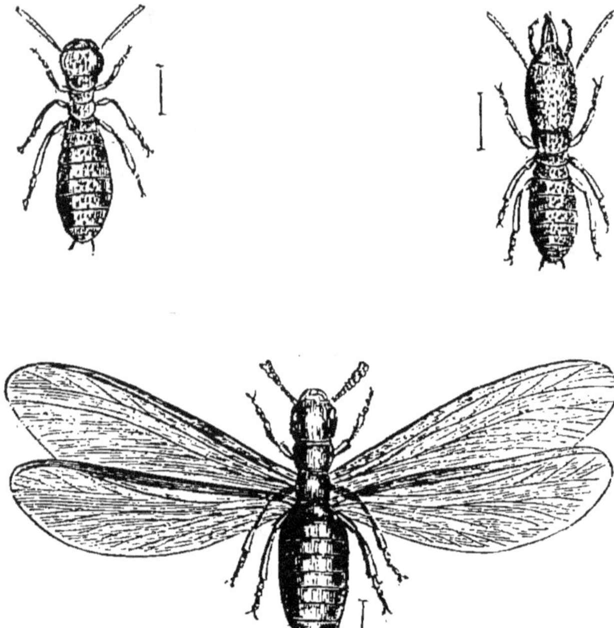

l'Est sont au moins à l'abri des atteintes du
Termite?

— Ne nous endormons pas dans une trop
grande confiance. On a vu le *Termès lucifuge* à

Paris, où il avait été apporté dans des pins venant des Landes et destinés à être employés comme bois de construction. Une fois dans la place, on sait comment il s'y comporte. En s'acclimatant chez nous, les *Termites* ont nécessairement modifié leur genre de vie. Les espèces exotiques sont de beaucoup plus curieuses, mais nous n'avons pas à nous en occuper ici.

LES MOUCHES

Nous ne nous contenterons pas aujourd'hui de regarder voler les *Mouches*. Attrapez cette grosse *Mouche* qui bourdonne autour des vitres, où elle se cogne stupidement, espérant toujours passer au travers.

— Son corsage est tout velu et son ventre est d'un bleu métallique aussi brillant que l'acier.

— Examinons-la de près à l'aide de cette forte loupe.

La *Mouche bleue* que nous avons capturée s'appelle vulgairement *Mouche de la viande;* les savants la nomment *Musca vomitaria;* la traduction française est facile.

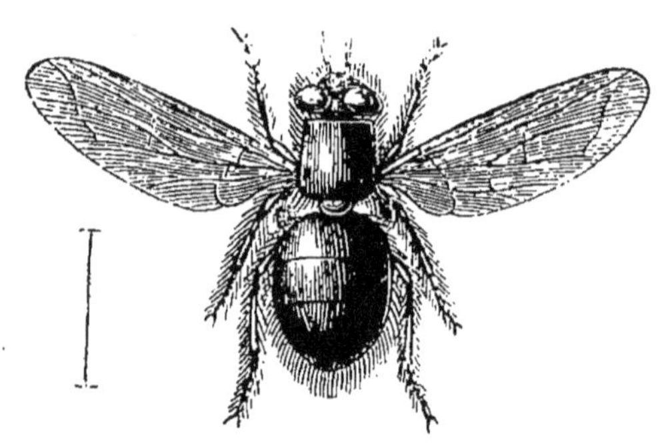

MOUCHE DE LA VIANDE.

— Ce début n'a rien d'engageant.

— Qu'importe! Tâchons de voir, chez les êtres les plus infimes et les plus répugnants, des objets d'étude qui nous montrent quelle variété de formes, quelle multiplicité de dons la nature a prodigués dans ses manifestations. Cette *Mouche bleue* a un odorat subtil qui l'amène vite, et de loin, vers la viande qu'on a cru mettre hors de son atteinte. Quand elle pénètre dans un garde-manger, elle vient se poser sur le gibier, sur la volaille et les souille en y introduisant une population de rebutants parasites. Aussitôt qu'elle rencontre un milieu favorable, la *Mouche bleue* déroule le peloton d'œufs enfermé dans son abdomen et sème sa graine en petits tas contenant à eux tous environ deux cents œufs.

— Nous ne connaissons que trop ces œufs, blancs, étroits, longs de un à deux millimètres.

— Par les grandes chaleurs, les larves éclosent en moins de vingt-quatre heures. Ce sont de petits vers aveugles, mous, blanchâtres, amincis du côté de la tête, élargis du côté opposé où se trouvent les orifices de la respiration.

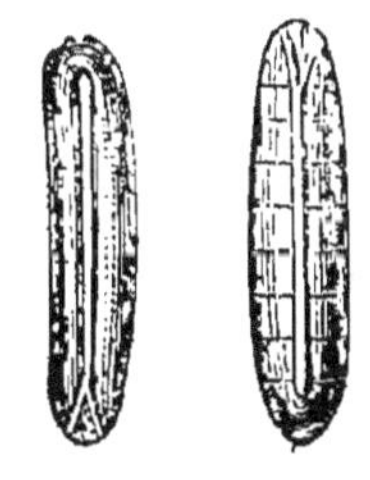

.F S   D E   L A
.CHE A VIANDE

— Et nous qui prenio ces petits points noirs pour des yeux, confondant ainsi la tête et la queue!

— A peine nées, ces larves déchirent la viande et la réduisent en bouillie à l'aide dé deux forts crochets dont leur bouche est pourvue. Elles mangent tant et tant qu'elles augmentent rapidement de volume et de poids. Après plusieurs mues, elles s'éloignent des lieux de leur orgie et se préparent à la grande métamorphose. Retirées dans un coin obscur, à l'abri de la chaleur et de l'humidité, elles se contractent sous leur peau qui se détache, s'épaissit se brunit et les enveloppe comme un sac. C'est à l'intérieur de cette peau coriace, à laquelle elles ne sont plus adhérentes, qu'elles se métamorphosent. La transformation est si complète, que le naturaliste qui les a le plus étudiées a pu dire qu'elles *refondent* en quelque sorte leurs chairs et leurs viscères pour les jeter dans un nouveau moule.

On trouve fréquemment, en nettoyant les offices, de ces coques brunâtres qui semblent être un nouvel œuf dans lequel s'est formé l'Insecte parfait **avec les vieux débris de la larve. On** peut donc se procurer à peu de frais un spectacle des plus curieux en suivant les *Mouches* dans les différentes phases de leur développement. C'est en se servant de sa tête comme d'un bélier que l'Insecte parfait pratique la brèche par laquelle il sort de sa coque. Le ver est devenu une *Mouche*.

— Comme la Chenille devient Papillon.

— Et l'étonnement de l'observateur est le même en assistant à la naissance de ces deux êtres ailés. Ce n'est pas sans stupéfaction qu'il voit sortir des Insectes de belle taille d'une enveloppe si étroite où ils ne pourraient jamais rentrer.

— Le contenu était-il plus grand que le contenant?

— Non, mais il l'est devenu subitement. En naissant à la vie aérienne, la *Mouche* a rempli d'air ses trachées et s'est pour ainsi dire gonflée soudainement; elle a pris tout d'un coup l'accroissement dont elle est susceptible. Ce qui ne veut pas dire qu'elle soit déjà en possession de sa vigueur et de ses belles couleurs.

— La vigueur d'une *Mouche!*

— Vous verrez bien tout à l'heure ! La *Mouche* nouvellement née est grisâtre; ses ailes pliées, chiffonnées, ratatinées, ressemblent à des moignons. Un bain d'air et de soleil la revivifie promptement en lui donnant du ton et du teint. Elle procède alors à sa toilette, frictionne son corps avec ses pattes, étend et détire ses ailes et, de lourde et gauche qu'elle était, devient agile et pimpante. Elle est enfin prête à commencer sa carrière laborieuse.

— Vous ne parleriez pas en termes plus élogieux des animaux que l'homme compte parmi ses bienfaiteurs.

— Hé ! la *Mouche* pourrait peut-être prendre rang dans cette respectable phalange. Partout où des substances animales en décomposition menacent la salubrité, la *Mouche bleue* accourt bien vite à la curée et nous délivre de ce foyer pestilentiel. C'est le service que nous rendent encore cette belle *Mouche*, d'un vert brillant.

dite *Mouche dorée*, la *Mouche cendrée* et bien d'autres. Toutes déposent leurs œufs dans ces amas d'infection que les larves ont bientôt déblayés. Ces larves, que les pêcheurs emploient comme appâts sous le nom d'*asticots*, sont si actives et si voraces, que Linné a pu dire que trois *Mouches* suffisent à dépecer un cheval mort aussi rapidement que le ferait un lion.

— Nous savons que les larves déchirent la viande pour ainsi dire à coups de pioche, mais comment la *Mouche à viande* se nourrit-elle?

— Comme tous les individus de sa famille; c'est-à-dire à l'aide d'un instrument fort remarquable qu'on appelle *trompe*. Au repos, la trompe reste contractée dans une fossette protectrice d'où l'insecte la dégage à volonté. Tenez, en pressant la *Mouche* entre mes doigts de manière à pincer le corselet, je la force à nous exhiber sa trompe.

— Elle a l'air de tirer la langue.

— Si vous regardiez au microscope cet appareil complet et complexe, vous en seriez émerveillés. La trompe de la *Mouche*, coudée, articulée vers le milieu, est composée de deux parties principales qui se ferment comme un couteau. Elle porte à sa base deux appendices qui, destinés à palper et à flairer les aliments, sont probablement le siège des sens du goût et de l'odorat. L'extrémité est munie de deux grosses lèvres,

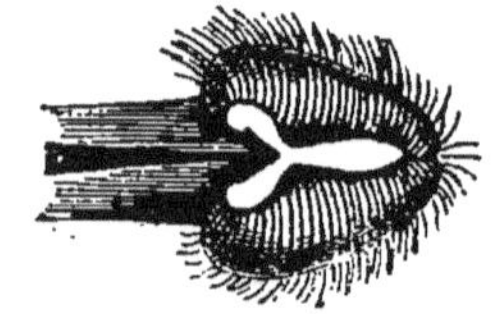

TROMPE ET LÈVRES DE LA MOUCHE A VIANDE.

sortes de pinces couvertes d'aspérités qui servent à râper les substances sur lesquelles s'opère la succion. Quand la matière est trop dure ou trop épaisse, la *Mouche* l'amollit ou la délaye en l'imbibant d'une liqueur que sa trompe déverse goutte à goutte. Ainsi cette trompe est tout à la fois une pompe aspirante et foulante.

— Nous comprenons maintenant ce que la

fine mouche vient faire sur le sucre et les confitures.

— C'est aussi à l'aide de sa trompe que la *Mouche importune* boit les gouttes de sueur qui perlent sur notre front.

— Celle-là est bien nommée : nous ne savons que trop combien on est importuné par les chatouillements que cause sa gourmandise.

— Pendant que je tiens la *Mouche*, je vous ferai remarquer ses antennes, petits instruments de physique qui lui servent à interroger l'état hygrométrique de l'atmosphère.

— Quels énormes yeux possède cette grosse *Mouche bleue!*

— Si vous saviez combien ces organes sont supérieurs aux nôtres, dont nous nous montrons parfois si fiers! Nos yeux n'ont qu'une cornée, qu'une seule rétine sur laquelle se peignent les objets, devinez combien la *Mouche* en possède?..... Quatre mille! oui, chacun de ses yeux est composé de quatre mille facettes hexagonales, transparentes, laissant passer la lumière, et de quatre mille rétines donnant chacune une image des objets. Et, comme si ce n'était pas assez d'un pareil magasin de huit mille lunettes, la nature

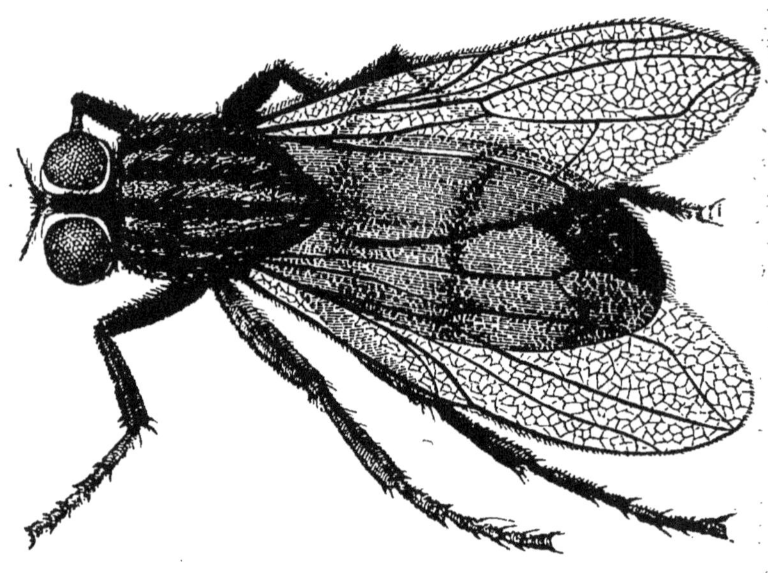

MOUCHE DOMESTIQUE TRÈS GROSSIE.

lui a encore planté trois petits yeux simples au milieu du front.

— Elle a belle d'avoir toujours un œil au guet !

— Depuis une heure que nous nous occupons des *Mouches,* j'aperçois deux *Mouches domes-*

tiques qui volent sans relâche l'une autour de l'autre dans un rayon de soleil.

— Comment ne sont-elles pas épuisées de fatigue?

— Vous pouvez le demander. Votre ardeur, votre activité au jeu ne sont pas comparables à celles que déploient les *Mouches* dans leurs ébats. Songez qu'elles font 330 battements d'ailes en une seconde et franchissent, dans le même temps, une distance de dix mètres au moins. Avais-je trop vanté leur vigueur?

— On peut dire qu'elles vont comme le vent.

— Comme le vent! que dites vous? Un ouragan qui renverse tout ce qu'il rencontre à la surface de la terre n'a pas tout à fait cette vitesse.

— Voilà vos *Mouches* au repos. Elles ont pris pied sur le plafond. Comment peuvent elles s'y tenir ainsi renversées au mépris des lois de l'équilibre?

— Cette prouesse des *Mouches* que les clowns les plus habiles ne tenteront pas, s'explique par la conformation de leurs pieds munis de crochets et de membranes lâches, convexes en dessus, concaves en dessous, qui forment ventouse.

PATTE DE MOUCHE.

De sorte que l'adhérence est amenée à la surface des corps rugueux par les crochets et à la surface des corps polis par les membranes ventouses.

LES BUVEURS DE SANG

Dans les soirs d'été, au moment où, rafraîchis et reposés, nous allons nous endormir, que de fois ne sommes-nous pas tirés de ce bien-être qui précède le sommeil par une fanfare aussi connue que redoutée ! Nous savons si bien que le musicien sanguinaire qni vient insolemment sonner la charge à nos oreilles n'est autre que le maudit *Cousin piquant* ou *suceur*, le *Culex pipiens* des naturalistes. La main levée, prête à frapper, nous attendons avec une attention anxieuse l'instant où l'ennemi viendra se poser sur notre visage pour nous pratiquer une saignée. Paf ! nous nous appliquons un soufflet et nous entendons le narquois *Cousin* qui s'envole dans nos rideaux, en sonnant de la trompette. Nous avons manqué notre coup, c'est à recommencer.

Le *Cousin*, qui n'a pu cette fois assouvir sa soif, revient à l'attaque, nous larde, et nous nous souffletons à tort et à travers, ni plus ni moins que si nous étions le coupable. Enfin, persuadé que la lutte est inégale, nous nous résignons à notre sort et, de guerre lasse, nous finissons par nous endormir. Mais hélas ! le lendemain matin nous ne sommes que plaies et bosses ; nous

nous éveillons assez défigurés et notre miroir

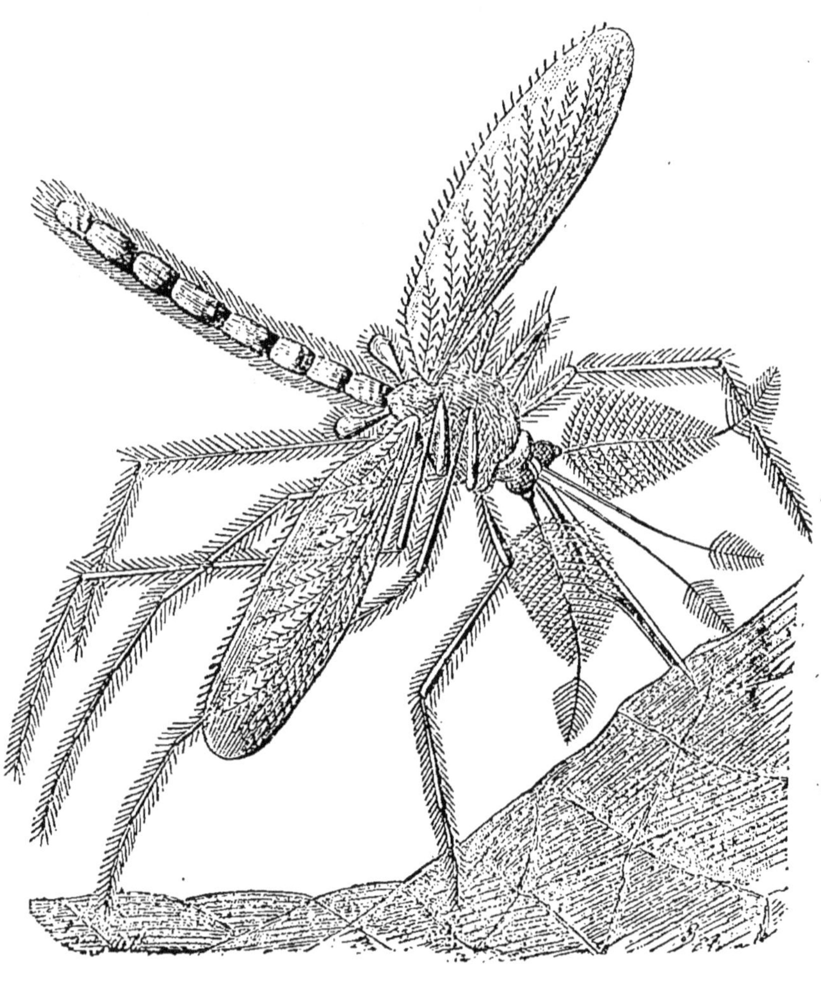

COUSIN ENFONÇANT SON DARD DANS NOTRE PEAU.

nous montre un visage peu souriant qui finit par
nous faire rire. En voilà pour une journée de

laideur et de démangeaisons. Tout cela parce
qu'un vil insecte, excrément de la terre, a payé
en méchanceté le secours alimentaire qu'il nous
a contraints de lui livrer !

— Comment un animal si chétif et si faiblement armé peut-il faire tant de mal?

— Faiblement armé ! Quelle erreur ! Sa
trompe est une véritable trousse de chirur-
gien contenant une demi-douzaine de lancettes
acérées, dentelées, barbelées, crochues, qu'il
enfonce à plusieurs reprises dans notre chair,
jusqu'à ce qu'il y ait creusé le puits où il boira.
Pour rendre notre sang plus fluide, pour l'aspi-
rer plus facilement, il verse, au fond de la plaie,
une goutte de poison qui engourdit d'abord la
blessure et la rend ensuite plus douloureuse.

— Quel raffinement de cruauté!

— Vous pourriez ajouter de *cruauté fémi-
nine,* car les mâles ne vivent que du suc des
fleurs; les femelles seules sont avides de sang.
Par les temps chauds et humides qui leur sont
favorables, ces DIPTÈRES sont vraiment exas-

NÈGRES SE METTANT A L'ABRI DES MOUSTIQUES.

pérants. Pourtant, ne nous plaignons pas trop : dans notre pays, ils sont généralement discrets, tandis que, dans les contrées où leurs variétés pullulent, ils sont à l'état de fléau. Les habitants, épuisés, vaincus par un supplice qui dure jour et nuit, passent plus de temps à se préserver des *Moustiques* qu'à travailler. On ne dort qu'à l'abri de moustiquaires ou le corps enseveli dans le sable, la tête enveloppée de voiles qui ne sont pas toujours une protection efficace contre les cuisantes piqûres.

Les nègres du Sénégal vivent sur des perchoirs au-dessous desquels on brûle des herbes qui enfument à la fois les hommes et les *Moustiques*. Les Lapons et les Esquimaux ne peuvent, à la latitude élevée où ils vivent, se garantir du supplice que leur infligent ces insectes qu'en s'enduisant le corps d'une épaisse couche de graisse.

— Ces malfaiteurs se sont donc acclimatés dans toutes les parties du monde ?

— Les *Cousins* si agresssifs et si antipathiques présentent pourtant un grand intérêt aux observateurs. Leur organisation est une des merveilles de la nature.

— Quoi! ces malveillants effrontés mériteraient quelque attention?

— Prenez une bonne loupe et dites-moi ce que vous pensez de ce corps svelte et élégant, de ces pattes déliées, de ces ailes irisées, ornées de délicates arborisations, de cette tête empanachée d'antennes plumeuses, de ces beaux yeux tantôt verts comme l'émeraude, tantôt rouges comme le rubis. Ces gracieux enfants de l'air ont-ils le dehors de buveurs de sang?

— Le fait est qu'ils semblent plutôt créés pour une existence éthérée.

— Regardez encore le *balancier* qui, comme chez beaucoup de DIPTÈRES, tient lieu d'une seconde paire d'ailes.

— Ce balancier sert-il à lester les *Cousins* dans leur vol, comme le balancier des danseurs de corde à les équilibrer dans leurs exercices?

— Pas absolument. Pourtant ce balancier a son utilité, puisque, si l'on vient à le couper, le pauvre *Cousin* désemparé ne fait que tournoyer et ne peut plus s'élever dans les airs.

Le plus curieux de l'histoire des *Cousins* c'est leur éclosion. Approchons-nous de ce baquet d'arrosage placé à l'entrée du jardin, et regardons attentivement ce qui se passe dans l'eau; nous y verrons certainement quelque chose d'intéressant.

— Qu'est-ce que ces drôles de petits vers qui nagent la tête en bas? s'agitent-ils! sautent-ils! se tortillent-ils!

— Ce sont précisément des larves de *Cousins*. Elles viennent de temps en temps présenter à la surface le tube respiratoire placé à l'extrémité de leur abdomen pour puiser un peu d'air atmosphérique. Voici, plus près du bord, à l'abri des courants et des tempêtes — comme il peut s'en produire dans un baquet et dans un verre d'eau — un Insecte au corselet vert qui reste couché dans son enveloppe de nymphe ainsi que dans

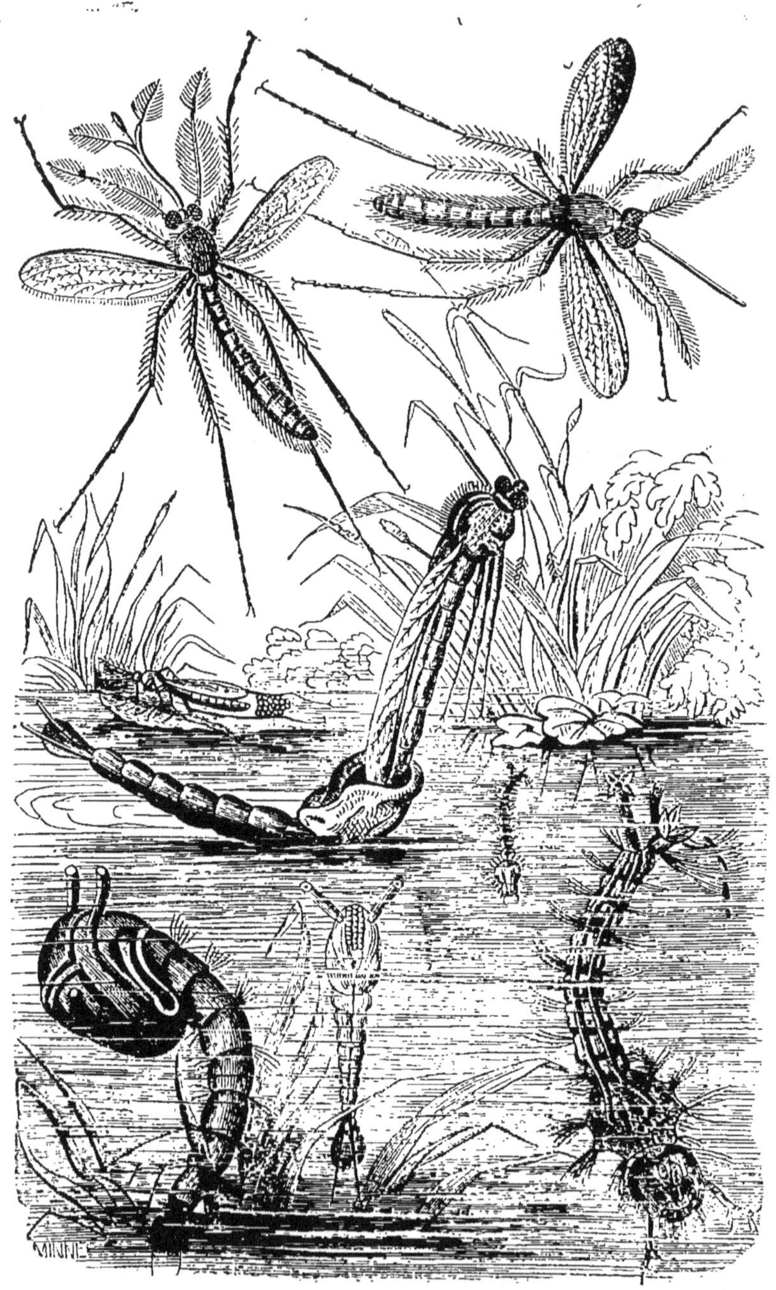

NYMPHE DU COUSIN PASSANT DE L'EAU DANS L'AIR.

une gondole. C'est un *Cousin* en voie de transformation, c'est un *Cousin* qui va naître à la vie
aérienne. Ce canotier improvisé court de grands
périls ; car l'eau, élément vital de la larve, peut
être le tombeau de l'Insecte parfait. Si sa pé-
rissoire chavire, il est perdu ! Aussi quels soins
il prend pour ne pas faire osciller sa frêle embar-
cation ! Comme il mesure ses efforts pour qu'un
mouvement trop brusque ne le précipite pas
dans cet océan ! Enfin, le voilà complètement
dégagé. Il sort ses pattes de sa nacelle, les pose
sur l'eau, où il prend délicatement un point
d'appui. Il déploie ses ailes... il part !

— Vraiment, nous sommes généreux de lui
avoir laissé la vie sauve. Dieu sait comment il
en usera !

— Apercevez-vous, sur le rebord d'une feuille
flottante que le vent a jetée dans ce baquet, un
Cousin — un de ceux qui ont déjà vécu dans
l'air — dont l'abdomen surplombe la surface
de l'eau ? C'est une femelle qui pond. Si elle
laissait tomber isolément ses œufs, ils se-

raient submergés et sa postérité serait éteinte.

— Beau malheur!

— La mère n'est pas de cet avis. Elle reçoit ces œufs, dont le nombre s'élève jusqu'à 300, un à un, entre ses pattes de derrière, les range côte à côte, les agglutine en une petite masse flottante et abandonne avec confiance ce radeau

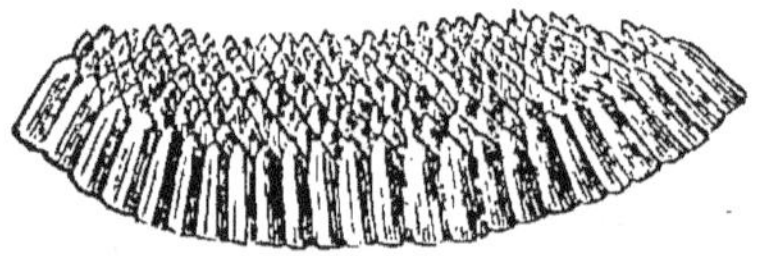

RADEAU D'ŒUFS DE COUSIN.

insubmersible, d'où les larves s'échapperont deux ou trois jours après.

— Heureusement que toutes n'arrivent pas à bonne fin! sans quoi, que deviendrions-nous?

— Soyez tranquilles, la plus grande partie sera détruite de mille manières : dans les eaux, les poissons en font une consommation prodigieuse; dans les airs, les hirondelles le jour et les chauves-souris le soir se chargent de décimer les joyeux essaims occupés à danser.

Il en restera toujours assez pour perpétuer la race, à notre grand dommage. Si encore les *Cousins* étaient les seuls parasites dont nous ayons à nous plaindre! Mais il ne manque pas d'autres buveurs de sang qui viennent nous braver dans NOS MAISONS. Tous, nobles ou roturiers, nous sommes également honorés des visites d'une princesse du sang qui s'appelle simplement la *Puce irritante* ou la *Puce de l'homme*.

— A ce nom, nous frémissons.

— La maudite petite bête s'introduit audacieusement jusque dans les Maisons les plus respectables : elle fréquente parfois les réunions élégantes où toutes les précautions ont été prises contre elle; elle foisonne sur les plages où se pressent les baigneurs les plus aristocratiques. Il faut croire que l'air salin lui est aussi salutaire, car c'est au bord de la mer qu'on rencontre les plus belles espèces de *Puces*.

— Les plus belles espèces! quelle ironie!

— C'est une façon de parler! La *Puce* n'est ni plus ni moins qu'un monstre. Sa difformité échappe à nos yeux par sa petitesse, **mais** quand on la regarde attentivement et de près, elle est affreuse. Voyez-la avec sa cuirasse de bronze florentin parsemée de poils raides, avec sa petite tête formée de pièces articulées qui ne présagent rien de bon. Quand elle peut

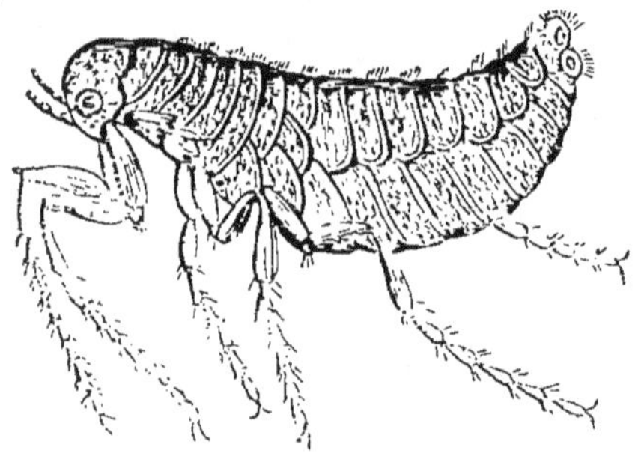

choisir, cette raffinée accorde toujours la préférence aux épidermes délicats.

Vous connaissez les effets du suçoir empoisonné dont sa bouche est armée. A l'aide de cet instrument, composé de plusieurs pièces constituant un bec, une *Puce* affamée peut pratiquer successivement une vingtaine de saignées, ce qui lui profite largement, car en un seul repas elle augmente du quart de son poids. C'est comme si un baby prenait d'un seul trait à sa nourrice quatre litres de lait !

— Après un pareil excès, la *Puce* doit s'engourdir pour cuver son sang ?

— Bah ! elle n'en saute que mieux.

— Oh ! oui, quels bonds prodigieux elle fait, juste au moment où l'on croit la saisir.

— Le prix du saut lui appartient sans conteste. Ses pattes très longues, en se détendant comme des ressorts, la projettent à deux cents fois la longueur de son corps.

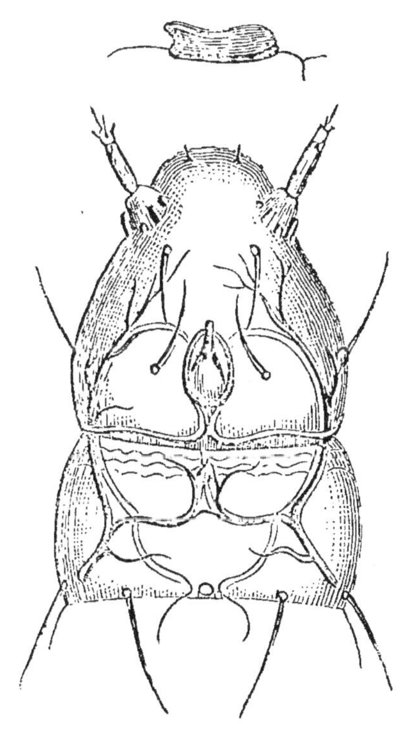

TÊTE GROSSIE DE LA LARVE NAISSANTE DE LA PUCE.

— Que ne jouissons-nous des mêmes avantages! Nous sauterions à cloche-pied par-dessus les maisons et les arbres, ce qui accidenterait fameusement les promenades du dimanche et du jeudi.

— Hélas! la comparaison n'est pas de mise. Il est démontré scientifiquement qu'une *Puce* de la taille d'un homme ne bondirait pas à plus de deux mètres.

La *Puce*, agile sauteuse, est encore d'une force musculaire prodigieuse, que des industriels ont mise à profit en lui faisant, au grand ébahissement du public, traîner des véhicules d'une dimension relativement considérable. Vous avez peut-être vu vous-mêmes de ces étonnants attelages dont le cocher est encore une *Puce* solidement fixée à son siège. Pour entretenir vaillantes ces *Puces travailleuses,* leurs cornacs les posent de temps en temps sur un de leurs bras, où elles prennent, sans se faire prier, un repas copieux.

— Ne trouvez-vous pas que la *Puce* ressemble à une Mouche sans ailes?

— On l'a déjà remarqué, puisqu'on l'avait rangée dans la famille des Insectes APTÈRES; mais c'est plutôt un HÉMIPTÈRE dégradé.

— Comment donc se reproduisent ces petits vampires?

— La *Puce* s'avise aussi d'avoir des métamorphoses. Les femelles laissent tomber dans la poussière accumulée sous les meubles, dans les fentes des planchers, dans le linge sale, dans les coutures et les plis des vêtements de laine, sur les matelas, les couvertures, les langes des petits enfants, une douzaine d'œufs qu'elles fixent à ces corps à l'aide d'une liqueur agglutinante. Aussi les meilleurs engins de destruction à leur opposer sont-ils le balai, les brosses à cirer, les baguettes à battre les tapis.

Au sortir de l'œuf, les petites larves, aveugles et sans pattes, vont, en se tortillant avec une agilité prodigieuse, à la recherche de leur nourriture, picorant de ci, de là, des particules alimentaires de toute nature : parcelles de sang desséché, détritus de poils, de plumes, brins de laine, débris de cadavres d'Insectes. Puis arrive le moment où elles se filent une coque feutrée de poussière dans laquelle elles se changent en nymphes. Huit ou dix jours après, l'Insecte parfait écarte, avec ses pattes de devant, les fibres soyeuses du cocon et, à peine sorti de ce réduit obscur, il s'élance d'un bond vigoureux à la curée que lui offre le sang humain.

— Que ne meurt-il d'inanition !

— Terminons ce *piquant* entretien par l'histoire d'un autre HÉMIPTÈRE nocturne, également avide de sang et plus repoussant encore. Pourrai-je, sans vous écœurer, nommer la *Punaise des lits*, redoutable par sa férocité, répugnante par son odeur infecte, et que nous avons stigmatisée d'un nom caractéristique!

La *Punaise* est l'hôte assidu des logements malpropres et encombrés, mais elle se permet parfois des excursions dans les demeures les mieux tenues. Une fois installée, il est bien difficile de la faire déguerpir. Son corps, extrêmement aplati, lui permet de se cacher, le jour, dans les fentes des boiseries, les angles des lits, les plis des rideaux, derrière les papiers de tenture, les gravures encadrées. C'est là qu'elle se tient tapie, à portée de ses victimes.

Pour se mettre à l'abri de ses atteintes, le malheureux qui a de bonnes raisons de la redouter, a bien soin d'écarter, le soir, son lit de la muraille. Faible préservatif! A peine la lumière est-elle éteinte, que l'astucieuse scélérate grimpe le long du mur, s'avance sur le plafond au-dessus du dormeur et se laisse choir. C'est avec autant de douleurs que d'étonnement que le pauvre diable se réveille couvert d'ampoules brûlantes. Altéré de vengeance, il saute en bas du lit, allume sa bougie; il a beau chercher, il en est pour ses frais de colère ou d'impatience : l'ennemi a décampé !

— N'y a-t-il donc aucun moyen de se préserver de ces visites nocturnes?

— On en a préconisé beaucoup. Les plus efficaces paraissent être des badigeonnages à l'essence de térébenthine ou de pétrole, la com-

PUNAISE DES LITS.

bustion de soufre ou de lentilles sur un réchaud et surtout la poudre de pyrèthre.

La *Punaise* est inconnue des peuples sauvages. Cette triste et répugnante BÊTE DE NOS MAISONS est un produit de la civilisation. Elle ne se plaît qu'au sein des nations les plus policées, ce qui ne manquera pas de flatter tout particulièrement la ville de Lyon, où elle a établi son quartier général.

Dans les contrées chaudes de l'Inde, d'où elle est probablement originaire, la *Punaise* prend des ailes et des élytres, mais chez nous les jeunes seules ont des rudiments d'ailes qu'elles perdent plus tard.

— C'est-à-dire que la *Punaise* est, comme la *Puce*, un HÉMIPTÈRE dégradé.

— La *Punaise* n'est pas, à proprement parler, un Insecte à métamorphoses ; cependant elle ne naît pas avec sa taille définitive. Les femelles pondent de petits œufs isolés, oblongs et bleuâtres, munis d'un couvercle à tabatière que l'insecte n'a qu'à soulever pour s'échapper.

A sa naissance, la *Punaise* est pâle et chétive; mais, après trois mues et quelques bons repas, elle atteint toute sa taille et prend sa couleur rouge. Née pour notre tourment, elle nous

ŒUF DE
LA PUNAISE.

poursuivra désormais sans se lasser, n'attendant pas pour se repaître de nouveau qu'elle soit affamée. Son intempérance ne l'empêche pas de supporter le jeûne forcé pendant des mois et des années.

— Des mois et des années sans manger ?

— L'épreuve en a été faite. Un naturaliste a gardé vivante, pendant deux ans, dans une boîte bien close, une *Punaise* qu'il a eu le regret de voir mourir d'accident et non de faim.

— Comment espérer nous soustraire aux appétits sanguinaires d'un bourreau si patient?

—Nous trouvons fort heureusement un auxiliaire et un vengeur dans une autre Punaise, le *Réduve*, surnommé *masqué*, à cause de ses mœurs étranges, à l'état de larve et de nymphe. A tout âge, le *Réduve* est l'ennemi juré de la

Punaise des lits; il la tue sans merci pour .se repaître d'un morceau si friand.

— Tous les goûts sont dans·la nature.

— Avant d'avoir acquis la force qui lui viendra, le *Réduve* obtient alors par la ruse ce qu'il demandera bientôt à la violence. Déguisé sous

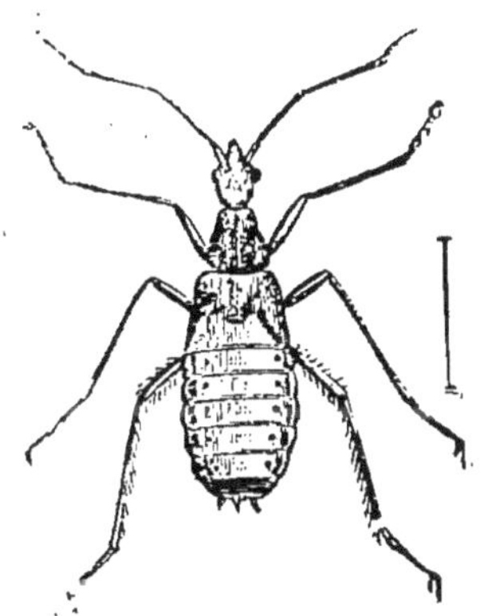

RÉDUVE BROSSÉ.

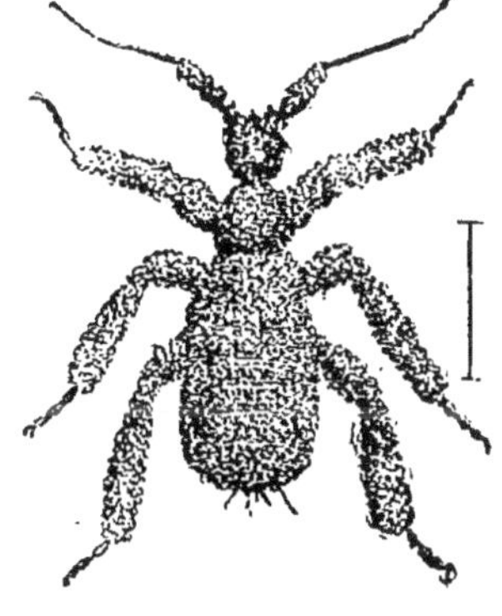

RÉDUVE MASQUÉ.

un vêtement de poussière et de filaments de toiles d'Araignée, il s'approche incognito de la proie dont il nous délivre.

— C'est grâce à son domino noir que ce singulier masque passe inaperçu.

— L'Insecte parfait, confiant dans la sûreté de son vol, dédaigne les subterfuges de son jeune âge et fait ouvertement la guerre aux Punaises, aux Mouches, aux Araignées.

— Enfin, voilà donc un bienfaiteur!

— Oui, mais ce bourru bienfaisant que vous ne sauriez trop protéger n'aime point les témoignages touchants de reconnaissance. Ne vous avisez pas de le prendre sans précaution, car il pourrait vous en cuire. Son rostre acéré pique plus cruellement que l'aiguillon de l'A-beille.

— C'est bien, nous y prendrons garde.

LES RONGEURS

— Êtes-vous curieux de voir quelle trouvaille j'ai faite à la cave?

— Un nid composé de brins de foin, de vieux chiffons, de bouts de chanvre et de papier. Quel oiseau peut bien s'être introduit dans la cave pour y construire ce nid?

— Ai-je dit que ce fût un nid d'oiseau? Tenez, regardez à l'intérieur.

— Quelle horreur! mais ce sont de petites *Souris* qui grouillent là dedans.

SOURIS.

— Ni plus ni moins.

— Nous pensions que les *Souris* se contentaient d'habiter le dessous des planchers ou de se creuser des galeries plus ou moins profondes dans l'épaisseur des vieilles murailles dont le plâtre se désagrège facilement. Nous ignorions que ces RONGEURS fussent d'aussi bons architectes.

— La *Souris* est en effet un architecte avisé qui sait se plier aux circonstances et tirer le meilleur parti des matériaux à sa portée. Dans les habitations champêtres, elle emploie les feuilles, l'herbe sèche, le bois, la paille, coupés par elle à longueur voulue. Chez nous autres citadins, elle utilise sans façon tout ce qui lui tombe sous la griffe ou sous la dent; elle découpe des lanières dans nos rideaux, nos vêtements, notre linge, met nos livres en copeaux. Pour arriver à son but, rien ne l'arrête. Je n'ai pas besoin d'insister davantage, vous savez le préjudice qu'elle nous cause. Tout est bon pour cet omnivore : le pain, le fromage, le lait, le beurre, le savon, la chandelle, le sucre, les confitures, la farine, que sais-je encore? Si seulement elle se contentait d'entamer proprement nos provisions; mais elle les souille et leur communique une odeur trop connue.

Les *Souris* se propagent avec une rapidité prodigieuse. Une femelle peut, en une année, mettre au monde une centaine de petits, qui fondent à leur tour de nombreuses familles. Heureusement que ces déprédateurs ne vivent pas très longtemps et qu'ils périssent souvent d e mort violente, sans quoi le monde leur appartiendrait. Vous avez assez souvent vu des *Souris* dans la souricière pour que je n'aie pas besoin de vous décrire ces jolis petits MAMMIFÈRES à la robe gris-cendré, à l'œil vif, aux mouvements alertes.

— L'extrême rapidité de leurs allures cause toujours une surprise mêlée de quelque effroi. Combien de fois avons-nous grimpé sur une chaise, à l'aspect d'une *Souris* traversant inopinément la chambre !

— Ces terreurs sont sans objet, car les *Souris*, aussi timides par tempérament qu'effrontées par nécessité, ont plus peur de vous que vous n'avez peur d'elles. C'est à bon escient qu'elles sont craintives, étant entourées d'ennemis :

les Fouines, les Belettes, les Oiseaux de nuit, les Rats, les Chats, leur causent des alertes perpétuelles. Quant à l'homme, il leur tend des pièges et sème toute espèce de poison sous leurs pas.

— Cependant certaines personnes conservent en captivité de jolies *Souris blanches*, qui finissent par s'apprivoiser tant bien que mal.

— Je n'ai jamais compris ces adulations pour de petites puanteurs vivantes. Les *Souris blanches* sentent aussi mauvais que les *Souris grises*, dont elles sont une variété dégradée. Elles ont le même tempérament, les mêmes instincts. Mises en liberté, elles payeraient vite d'ingratitude les soins dont elles ont été l'objet.

La *Souris* est une réduction exacte du *Rat noir* DE NOS MAISONS, qui peut atteindre vingt centimètres de taille.

— Les *Rats!* Voilà encore des hôtes déplaisants et redoutables.

— Certes, ces RONGEURS, bien endentés, omnivores, voraces, sont des voisins terriblement incommodes. Heureusement qu'ils sont cannibales et se mangent entre frères.

Le *Rat noir* des villes loge dans les caves, les écuries, les magasins aux marchandises, où il se tient caché le jour. Le *Rat noir* des champs

RAT NOIR.

niche dans le chaume des toitures rustiques, dans les trous des murs, dans les granges et les celliers. Lorsqu'il ne trouve plus des vivres abondants, il émigre.

Notre *Rat domestique* était inconnu en Europe

avant le moyen âge. Selon toute probabilité, il serait venu d'Asie à la suite des Croisés, qui n'avaient certainement pas dessein de l'acclimater. Ce qui est certain, c'est que les Romains ne le connaissaient pas et qu'on n'entendit parler de lui en France qu'au treizième siècle.

Les Chinois, à qui du reste nous ne demanderons pas de leçons de goût, estiment comme un mets excellent ce RONGEUR, rongé lui-même par la vermine et les trichines. Nous, nous trouvons un autre moyen de l'utiliser, en employant sa fourrure à la confection des chapeaux de *castor* et sa peau à la fabrication des gants de *chevreau*. On prétend que l'espèce se fait rare et tend à disparaître pour faire place au *Surmulot*, plus grand, plus fort et plus nuisible.

Le *Surmulot* est un nouveau venu, un étranger originaire de l'Inde et de la Perse, que les navires de commerce auraient introduit en Angleterre par petites escouades. Ce n'est que vingt ans plus tard, en 1750, qu'il aurait envahi la France. Aujourd'hui, il est répandu dans toute l'Europe, chassant devant lui le *Rat noir*, qu'il décime par la guerre et par la famine.

— N'est-ce pas d'Orient que nous sont venues toutes les invasions des Barbares!

— Ce conquérant à quatre pattes s'étant

SURMULOT.

présenté chez nous sans qu'on connût son état civil, Buffon y suppléa en lui donnant le nom de *Surmulot*, à cause de sa ressemblance avec le petit Mulot, auprès duquel il semble un **géant**.

Le *Surmulot* a le pelage roussâtre, le dos robuste et arqué, les oreilles courtes mais sub-

tiles, l'œil hardi, la moustache insolente, la dent
meurtrière, la griffe intrépide, l'allure belli-
queuse. C'est le plus terrible de nos RONGEURS.
Sa force est prodigieuse. Il perce les murs épais
pour pénétrer dans les basses-cours, où il attaque les petits Poulets, les Pigeons, les Lape-
reaux ; il pousse même l'audace et le cynisme
jusqu'à aller sous leur toit ronger tout vivants
les Cochons de lait. C'est le fléau de la maison
rustique qu'il a envahie. Il se plaît dans les
granges, dans les tuyaux de drainage, dans les
égouts. Il vit de préférence sur le bord des eaux,
dans des terriers où on le chasse au Furet
comme les Lapins. Le *Surmulot* et le *Furet*, en
ennemis également féroces, courageux, sanguinaires, se livrent sous terre un duel à mort. Ni
l'un ni l'autre ne rompent d'une semelle ; s'ils
reculent, c'est pour mieux s'étrangler.

Ces maraudeurs, aux mœurs peu courtoises,
ont un côté faible par où l'on peut les prendre.
Ils aiment les odeurs tout comme de véritables
freluquets, et l'on est sûr de les entraîner à leur

perte en parfumant les pièges de musc ou d'anis.

Voulez-vous un moyen plus sûr encore de vous débarrasser des *Souris*, des *Rats*, des *Surmulots?* Opposez-vous de toutes vos forces à l'extermination des Hiboux, des Éperviers, des Milans, que l'on cloue bêtement en guise de trophées à la porte des granges. Ces crucifiements de leurs ennemis font la joie de nos perfides RONGEURS.

L'AMIE

Enfin! après tant d'assassins, de voleurs, de déprédateurs, nous rencontrons donc une nature sympathique! Saluons en l'*Hirondelle* la petite amie de la MAISON, l'aimable précurseur des beaux jours, l'avant-coureur du printemps. C'est un des hôtes dont le retour me cause le plus de plaisir, car si le Rossignol mystérieux charme mes oreilles, la folâtre *Hirondelle* fait la joie de mes yeux.

Est-elle assez jolie avec ses beaux yeux noirs brillants, son bec fin, ses pattes d'une exquise délicatesse! Et comme elle est bien vêtue pour la vie indépendante qu'elle mène! Son manteau noir aux reflets bleus s'ouvrant sur un gilet blanc-crème, son étroite cravate, sa petite calotte irisée garnie d'une bande roussâtre ne constituent-ils pas un costume de voyage propret, commode et confortable?

Quel oiseau peut rivaliser avec l'*Hirondelle* de grâce et de vivacité? Elle glisse à travers l'espace avec une aisance, une rapidité, une dé-sinvolture, une élégance sans pareilles, faisant allègrement ses 120 kilomètres à l'heure, et jetant à tous les échos ses notes joyeuses! L'*Hirondelle!* mais c'est un être fait d'air con-densé!

— Que deviennent donc, pendant la mauvaise saison, tous ces petits hôtes ailés qui disparais-sent aux premiers froids d'automne?

— Ils vont, sous d'autres climats, chercher un ciel plus clément. C'est au Sénégal que se rendent les *Hirondelles* de France. En changeant de sol, elles ne changent point de patrie et c'est d'une terre française qu'elles nous reviennent, rapportant sur leurs ailes les promesses embaumées du printemps. Autrefois, on croyait que les *Hirondelles* hibernaient à la façon des *Chauves-souris* dans quelque grotte obscure où elles s'engourdissaient jusqu'au retour des beaux jours. Ces petites créatures tout joie et tout amour sont bien trop affolées de lumière et de liberté pour s'immobiliser ainsi dans les ténèbres ! Celles qu'on a voulu retenir en captivité sont toujours mortes de langueur, en dépit des soins qu'on leur prodiguait. Oh ! n'attentez jamais à la liberté des *Hirondelles !* La plus belle cage dorée est pour elles une prison mortelle.

— Il nous est bien facile de comprendre les migrations des animaux qui vont d'étape en étape sur la terre ferme, mais comment de si faibles OISEAUX peuvent-ils accomplir des traversées de plusieurs jours ?

— Ils n'ont pourtant pas d'autres moyens de transport que leurs ailes. Quand sonne l'heure de la retraite, les *Hirondelles* s'assemblent au sommet d'un grand arbre ou d'un toit élevé; elles paraissent y tenir de bruyants conciliabules et se concerter pour se donner rendez-vous sur les côtes de la Provence. Là, trouvant un jour le vent favorable, les anciennes donnent le signal du départ et elles traversent la Méditerranée en bandes nombreuses. C'est le cas de répéter ici que l'union fait la force. Isolées, ou en petits groupes, les pauvres voyageuses deviendraient bien vite victimes des oiseaux de proie. Mais réunies en masses serrées, elles forment une phalange ailée qui peut affronter la rencontre des méchants et même défier les coups de la tempête.

Toutes ne revoient sans doute pas la terre promise, car les dangers sont nombreux et les fatigues considérables.

— Quelle vigueur il leur faut pour accomplir de semblables traversées !

— Les prudentes voyageuses ne dédaignent point les secours qui peuvent s'offrir. Lorsqu'elles sont trop fatiguées, elles reprennent haleine en se reposant sur un îlot ou sur les agrès des navires qu'elles rencontrent.

— Y trouvent-elles au moins la sécurité ?

— En mer, comme partout, les *Hirondelles* sont aimées et respectées. L'antiquité les avait mises au rang des dieux domestiques, et nous, les modernes, nous leur conservons encore une sorte de culte superstitieux. Leur destruction est considérée dans les campagnes comme un funeste présage.

— Sans croire aux augures, il est bien permis de conspuer les méchants qui trahissent la confiance de notre gentille amie l'*Hirondelle*.

— Vous avez raison. Elle mérite notre protection en échange de celle qu'elle nous accorde. En décrivant dans son vol ces courbes gracieuses où notre œil se plaît à la suivre, elle ne s'amuse pas seulement à jouer au *chat-coupe* avec ses compagnes, elle fait une chasse assidue aux ravageurs de nos cultures et aux ennemis de notre repos. Le laboureur peut bien la vénérer et la bénir, car, en détruisant des myriades d'insectes nuisibles, elle contribue à sauvegarder ses moissons. Sans elle, qui sait de combien de fruits vous seriez privés à l'automne!

— Est-il vrai qu'on puisse prédire un changement de temps d'après la hauteur du vol des *Hirondelles?*

— C'est-à-dire que ces intelligentes petites bêtes, vivant d'Insectes qu'elles chassent au vol, sont bien forcées d'aller chercher leur gibier où il se trouve. Or les Insectes volent eux-mêmes à différentes hauteurs suivant le temps qu'il fait. C'est ainsi que, par les temps orageux, vous voyez les *Hirondelles* raser la terre ou la surface des eaux, parce c'est dans les couches les plus basses de l'air que sont alors en plus grand nombre les Insectes qui les tentent.

— Vous disiez tout à l'heure que les *Hiron-*

delles nous reviennent au printemps, ce ne sont bien sûr pas les mêmes que nous revoyons.

— Je vous demande pardon! Ce qui relève précisément l'instinct des *Hirondelles* et les rend si intéressantes, c'est qu'elles ont la mémoire du cœur: elles reviennent au nid témoin de leurs premiers bonheurs.

— Comment peuvent-elles, après six mois d'absence, reconnaître le lieu qu'elles ont habité?

—Quelque étrange que paraisse ce fait, il est bien avéré. On prétend même avoir vu des *Hirondelles* qui, trouvant le toit conjugal occupé par d'autres OISEAUX, apportaient de la boue à plein bec pour murer les intrus dans le sanctuaire profané. Ceci m'amène à vous dire que nos petites amies sont d'habiles architectes. Quelle intelligence, quelle adresse, quel art, elles déploient dans la construction de leurs demeures!

La première fois que les *Hirondelles* se mettent en ménage, elles explorent mille et mille fois

HIRONDELLE DE FENÊTRE.

le lieu de leur station future et ne paraissent s'y
fixer qu'après de mûres délibérations et un exa-
men attentif. Les unes préfèrent l'auvent d'un
toit ou la corniche d'un pilier, les autres un angle
de fenêtre ou de clocher ; celles-ci s'établissent
en serre chaude, entre les solives d'une étable
ou à l'intérieur d'une cheminée; celles-là se
fixent au contraire le long d'un mur à pic. C'est
généralement vers la mi-mai, quand le temps
est beau, qu'elles se mettent en quête du lieu où
elles se proposent d'élire domicile. Au lever du
soleil, les bonnes petites travailleuses sont déjà
à la besogne.

Ne les avez-vous jamais vues au bord des
mares, des étangs, des rivières, des ruisseaux de
la rue, et même sur les chemins après une
averse, prendre de grandes becquées de terre
détrempée et s'envoler chargées de ce mortier
qu'elles gâchent avec des brindilles de paille?
Voilà les petits maçons solidement accrochés par
leurs griffes, calés par leur queue, qui plaquent
contre le mur les becquées de torchis qu'ils tas-

sent et aplanissent à coups de tête. En dix ou douze jours, ils ont construit une maison rustique en forme de coupe dont l'ouverture regarde le ciel.

Après un si rude labeur, chaque jeune ménage va faire un petit voyage d'agrément pour laisser sécher les plâtres. A son retour, il se met en devoir de matelasser d'herbes fines, de mousse, de plumes et de brins de laine le berceau de la famille à venir. L'extérieur est rugueux, inégal, peu plaisant à l'œil, soit! mais ce n'est pas pour les passants que les architectes ont travaillé : à l'intérieur tout est doux, moelleux, confortable, chaudement capitonné. La femelle dépose dans ce nid douillet cinq ou six œufs, qu'elle couve assidûment. Pendant ce temps, son époux lui tient fidèle compagnie en gazouillant de doux propos pour charmer ses loisirs. Il ne s'éloigne qu'à de rares intervalles pour rapporter à sa compagne bien-aimée un morceau de choix, un gibier favori.

Les petits sont l'objet de soins touchants. Le

père et la mère les nourrissent avec sollicitude et s'occupent de leur éducation. Ils les guident dans leurs premières tentatives de vol; ils leur apprennent à chasser les Insectes. Ils leur donnent encore de bons principes, en les habituant à se lever de bonne heure et à ne point passer au nid le meilleur temps de la journée.

Imitez les actives *Hirondelles*, ces travailleuses infatigables qui semblent avoir pris pour règle de conduite cette devise d'un sage :

Si tu te couches tôt, et te lèves matin,
Tu seras à la fois et riche, et sage, et sain.

FIN

TABLE ALPHABÉTIQUE

FIN DE LA TABLE

BOURLOTON. — Imprimeries réunies, B.

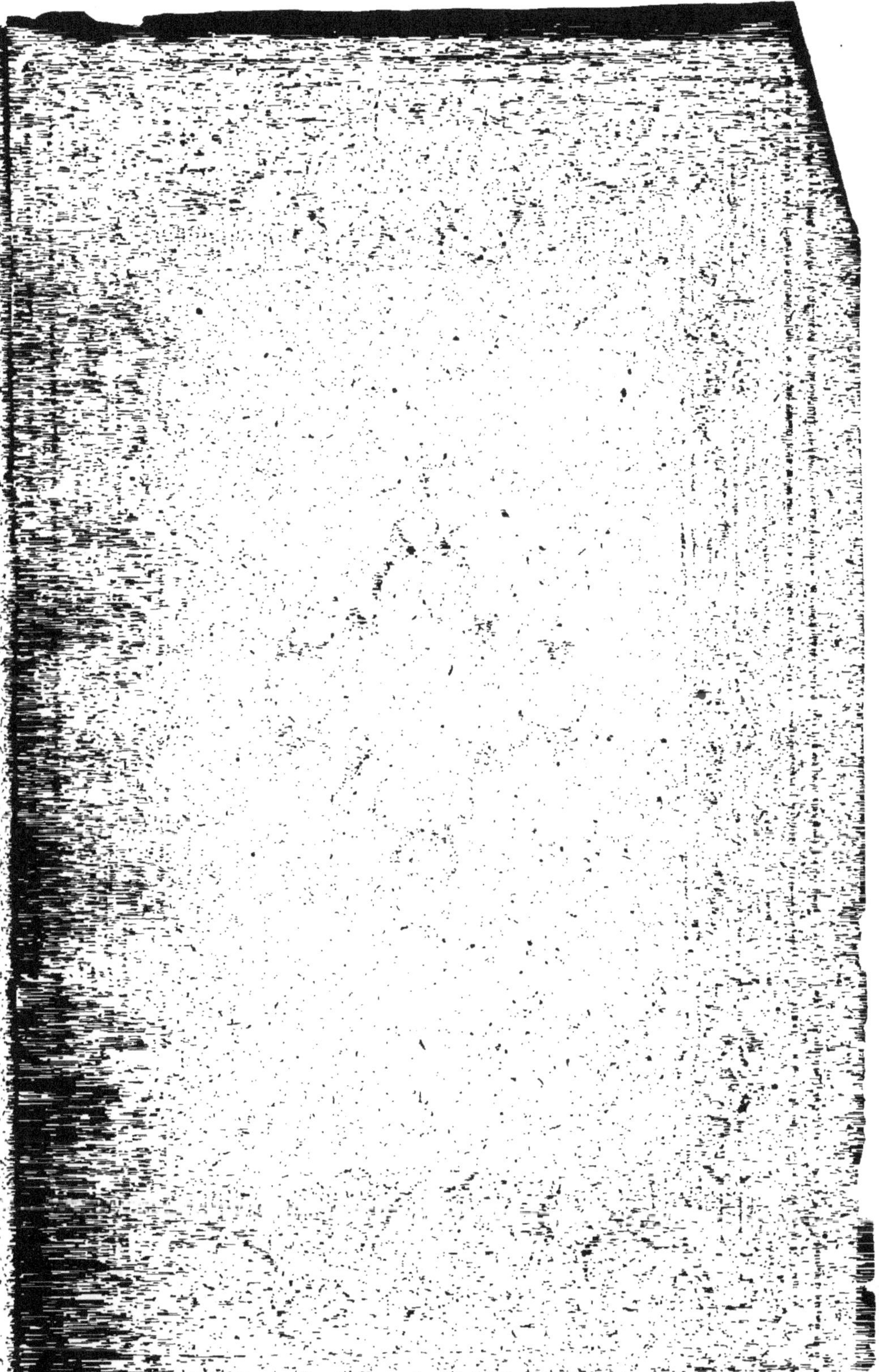

MOTTEROZ, Adm.-Direct. Imp. réunies, B